和谐校园文化建设读本

自然密码
ZIRAN MIMA

曲 静/编写

吉林教育出版社

图书在版编目(CIP)数据

自然密码 / 曲静编写. — 长春：吉林教育出版社，
2012.6（2022.10重印）
（和谐校园文化建设读本）
ISBN 978-7-5383-8804-6

Ⅰ.①自… Ⅱ.①曲… Ⅲ.①自然保护区－中国－青
年读物②自然保护区－中国－少年读物 Ⅳ.
①S759.992-49

中国版本图书馆 CIP 数据核字(2012)第 116034 号

自然密码
ZIRAN MIMAN   曲　静　编写

策划编辑　刘　军　　潘宏竹
责任编辑　付晓霞　　　　　　　　　　　装帧设计　王洪义

出版　吉林教育出版社(长春市同志街 1991 号　邮编 130021)
发行　吉林教育出版社
印刷　北京一鑫印务有限责任公司

开本　710 毫米×1000 毫米　1/16　　印张　11　　字数　140
版次　2012 年 6 月第 1 版　　印次　2022 年 10 月第 3 次印刷
书号　ISBN 978-7-5383-8804-6
定价　39.80 元

编 委 会

总序

千秋基业，教育为本；源浚流畅，本固枝荣。

什么是校园文化？所谓"文化"是人类所创造的精神财富的总和，如文学、艺术、教育、科学等。而"校园文化"是人类所创造的一切精神财富在校园中的集中体现。"和谐校园文化建设"，贵在和谐，重在建设。

建设和谐的校园文化，就是要改变僵化死板的教学模式，要引导学生走出教室，走进自然，了解社会，感悟人生，逐步读懂人生、自然、社会这三本大书。

深化教育改革，加快教育发展，构建和谐校园文化，"路漫漫其修远兮"，奋斗正未有穷期。和谐校园文化建设的研究课题重大，意义重要，内涵丰富，是教育工作的一个永恒主题。和谐校园文化建设的实施方向正确，重点突出，是教育思想的根本转变和教育运行机制的全面更新。

我们出版的这套《和谐校园文化建设读本》，既有理论上的阐释，又有实践中的总结；既有学科领域的有益探索，又有教学管理方面的经验提炼；既有声情并茂的童年感悟；又有惟妙惟肖的机智幽默；既有古代哲人的至理名言，又有现代大师的谆谆教诲；既有自然科学各个领域的有趣知识；又有社会科学各个方面的启迪与感悟。笔触所及，涵盖了家庭教育、学校教育和社会教育的各个侧面以及教育教学工作的各个环节，全书立意深邃，观念新异，内容翔实，切合实际。

我们深信：广大中小学师生经过不平凡的奋斗历程，必将沐浴着时代的春风，吸吮着改革的甘露，认真地总结过去，正确地审视现在，科学地规划未来，以崭新的姿态向和谐校园文化建设的更高目标迈进。

让和谐校园文化之花灿然怒放！

本书编委会

目 录

第一章　巍巍雄山

黄山

黄山位于安徽省南部黄山市境内,为三山五岳中三山之一,有"天下第一奇山"之美称。黄山为道教圣地,遗址遗迹众多,传说轩辕黄帝曾在此炼丹。徐霞客曾两次游黄山,留下"五岳归来不看山,黄山归来不看岳"的感叹,李白等大诗人也在此留下了壮美诗篇。黄山是国家级风景名胜区和疗养避暑胜地。1985 年入选全国十大风景名胜,1990 年 12 月被联合国教科文组织列入《世界文化与自然遗产名录》,是中国第二个同时作为文化、自然双重遗产列入名录的。

全景照

黄山海拔 1864 米,位于东经 118°1′,北纬 30°1′,南北长约 40 千米,东西宽约 30 千米,山脉面积 1200 平方千米,核心景区面积约 160.6 平方千米,地跨市内黟县、休宁县和黄山区、徽州区,面积为 1078 平方千米。奇松、怪石、云海、温泉素称黄山"四绝"。黄山八十二峰,或崔嵬雄浑,或峻峭秀丽,布局错落有致,天然巧成,并以天都峰、莲花峰、光明顶三大主峰为中心向三面铺展,跌落为深壑幽谷,隆起成峰峦峭壁。

三大主峰

天都峰

天都峰位于黄山东南,西对莲花峰,东连钵盂峰,为三十六大峰之一,海拔 1810 米。古称"群仙所都",意为天上都会,故取名"天都峰"。峰顶平如掌,有"登峰造极"石刻,中有天然石室,可容百人,室外有石,像醉汉斜卧,名"仙人把洞门"。

天都峰

此峰特色是健骨耸峙,卓立地表,险峭雄奇,气势博大,在黄山群峰中,最为雄伟壮丽。据山志载,唐代岛云和尚曾历经千险,从东侧攀崖,始至峰顶。他是现存文字记载中登上天都峰的第一人。那时,攀登"于石壁外无路",其艰险程度是难以想象的,与古今中外探险家相比,也未必逊色。他曾在绝壁上留下《登天都峰》一诗:"盘空千万仞,险若上丹梯;迥入天都里,回看鸟道低。他山青点点,远水白凄凄;欲下前峰瞑,岩间宿锦鸡。"后人凿石开路,装置石柱、铁链、扶栏,现在游人可安全登顶。峰头远眺,云山相接,俯瞰群山,千峰竞秀。古有诗赞曰:"任他五岳归来客,一见天都也叫奇。"

莲花峰

莲花峰位于黄山中部,玉屏峰西南,东对天都峰,为三十六大峰之一,海拔 1864 米,是黄山最高峰,也是华东地区第三高峰。由于周围群山环绕,颇似莲花,故得此名。

莲花峰

连接莲花岭和莲花峰的是一条长达1500米的蜿蜒小道,在到达峰顶前要过四个洞穴。徐霞客在游记中说:莲花峰"居黄山之中,独出诸峰之上","即天都亦俯首矣"。他仅凭目测便能得出如此正确的结论,在当时确是了不起的发现。他是指出莲花峰为黄山最高峰的第一人。此峰峻峭高耸,气势雄伟。因主峰突兀,小峰簇拥,俨若新莲初开,仰天怒放,故名"莲花峰"。明代吴怅曾有诗赞曰:"一种青莲吐绛霞,亭亭玉立净无瑕。遥看天际浮云卷,露出峰顶十丈花。"莲花峰上既有许多或似飞龙或似双龙的奇松,也有著名的黄山杜鹃花。绝顶处方圆丈余,名曰"石船",中有一池称"香沙池"。登上峰顶,如置身云霄,江河一线,云天一色,俱在远眺之中。在晴朗的日子,可以东望天目,西瞻匡庐,北窥九华与长江。雨后初晴,四面八方的云海尽收眼底,无比壮观。

光明顶

光明顶是黄山的主峰之一,位于黄山中部,海拔1860米,为黄山第二高峰。顶上平坦而高旷,可观东海奇景、西海群峰,炼丹、天都、莲花、玉屏、鳌鱼诸峰尽收眼底。明代普门和尚曾在顶上创建大悲院,现在其遗址上建有黄山气象站。因为这里高旷开阔,日光照射久长,故名光明顶。由于地势平坦,所以这里是黄山看日出、观云海的最佳地点之一。

黄山四绝

奇松

黄山延绵数百里,千峰万壑,处处皆松。黄山松,以石为母,顽强地扎根于巨岩裂隙。黄山松针叶粗短,苍翠浓密,干曲枝虬,千姿百态。或倚岸挺拔,或独立峰巅,或倒悬绝壁,或冠平如盖,或尖削似剑。忽悬、忽横、忽卧、忽起,"无树非松,无石不松,无松不奇"。

黄山奇松

黄山松是由黄山独特地貌、气候而形成的中国松树的一种变体。黄山松一般生长在海拔 800 米以上的地方,通常是黄山北坡在 1500～1700 米处,南坡在 1000～1600 米处。黄山松的千姿百态和黄山自然环境有着很大的关系。黄山松的种子能够被风送到花岗岩的裂缝中去,以无坚不摧、有缝即入的钻劲,在那里发芽、生根、成长。

最著名的黄山松有:迎客松、望客松、送客松、探海松、蒲团松、黑虎松、卧龙松、麒麟松、连理松等。过去还曾有人编了《名松谱》，收录了许多黄山松，其中可以数出名字的松树成百上千，每棵都独具美丽、优雅的风格。

怪石

黄山"四绝"之一的怪石，以奇取胜，以多著称。已被命名的怪石有很多，其形态可谓千奇百怪，令人叫绝。这些怪石似人似物，似鸟似兽，情态各异，形象逼真。黄山怪石从不同的位置，在不同的天气观看情趣迥异，可谓"横看成岭侧成峰，远近高低各不同"。其分布可谓遍及峰壑巅坡，或兀立峰顶，或戏逗坡缘，或与松结伴，构成一幅幅天然山石画卷。

老僧采药

黄山千岩万壑，几乎每座山峰上都有许多灵幻奇巧的怪石，其形成期约在100多万年前的第四纪冰川期。黄山石"怪"就怪在从不同角度看，都有不同的形状。站在半山寺前望天都峰上的一块大石头，形如大公鸡展翅啼鸣，故名"金鸡叫天门"，但登上龙蟠坡回首再看，这只"一唱天下白"的雄鸡却仿佛摇身一变，变成了五位长袍飘飘、扶肩携手的老人，被改为"五老上天都"之名。黄山峰海，无处不石、无松不奇。奇松怪石，往往相映成趣，著名的有梦笔生花、喜鹊登梅（仙人指路）、老僧采药、苏武牧羊、飞来石、猴子望太平（猴子观海）等，大都是三分形象、七分想象，人们移情于石，使一块冥顽不灵的石头凭空有了精灵般的生命。欣赏时不妨充分调动自己的主观创造力，可获得更高的审美享受。

云海

自古黄山云成海，黄山是云雾之乡，以峰为体，以云为衣，其瑰丽壮观的"云海"以美、胜、奇、幻享誉古今，一年四季皆可观，尤以冬季景色最佳。依云海分布方位，全山有东海、南海、西海、北海和天海；而登莲花峰、天都峰、光明顶则可尽收诸海于眼底，领略"海到无边天作岸，山登绝顶我为峰"之境界。

黄山云海

大凡高山，都可以见到云海，但是黄山的云海更有其特色，奇峰怪石和古松隐现云海之中，就更增加了美感。黄山一年之中有云雾的天气达200多天，水汽升腾或雨后雾气未消，就会形成云海。黄山云海波澜壮阔，一望无边，黄山大小山峰、千沟万壑都淹没在云涛雪浪里，天都峰、光明顶也就成了浩瀚云海中的孤岛。阳光照耀，云更白，松更翠，石更奇。流云散落在诸峰之间，云来雾去，变幻莫测。风平浪静时，云海一铺万顷,波平如镜,映出山影如画。远处天高海阔,峰头似扁舟轻摇;近处仿佛触手可及,不禁想掬起一捧云来感受它的温柔质感。忽而,风起云涌,波涛滚滚,奔涌如潮,浩浩荡荡,更有飞流直泻,白浪排空,惊涛拍岸,似千军万马席卷群峰之势。待到微风轻拂,四方云漫,如涓涓细流,从群峰之间穿隙而过;云海渐散,清淡处,一线阳光洒金绘彩,浓重处,升腾跌宕稍纵即逝。云海日出,日落云海,万道霞光,绚丽缤纷。

成片的红叶浮在云海之上,这便是黄山深秋罕见的奇景。当云海经过双剪峰时为两侧的山峰约束,从两峰之间流出,向下倾泻,如大河奔腾,又似白色的壶口瀑布,轻柔与静谧之中可以感受到暗流涌动和奔流不息的力量,是黄山的又一奇景。

玉屏楼观南海,清凉台望北海,排云亭看西海,白鹅岭赏东海,鳌鱼峰眺天海。由于山谷地形的原因,有时西海云遮雾罩,白鹅岭上却青烟缥缈,道道金光染出层层彩叶,北海竟晴空万里,人们为云海美景而上下奔波,谓之"赶海"。

温泉

黄山"四绝"之一的温泉(古称汤泉),源自紫云峰,水质以含重碳酸为主,可饮可浴。传说轩辕黄帝就是在此沐浴七七四十九日得返老还童,羽化飞升的,故又被誉之为"灵泉"。

黄山温泉由紫云峰下喷涌而出,与桃花峰隔溪相望,是经由黄山大门进入黄山的第一站。温泉每天的出水量约400吨左右,常年不息,水温常年在42℃左右,属高山温泉。黄山温泉对消化、神经、心血管、新陈代谢、运动等系统的某些病症,尤其是皮肤病,均有一定的疗效。

解密匙

巍巍黄山,还未看到它的真面貌,便使人心向往之。那么,你知道它形成的历史吗?

从距今约8亿年的震旦纪开始,海水绕过晋宁运动中形成的江南古陆,从东南方向进入黄山地区,黄山一带被淹没在海水之下。

在距今约 5.7 亿~4.4 亿年的寒武纪和奥陶纪,地壳处于裂解的高潮时期,导致了海平面的最大上升,在长达约 1.3 亿年的时间里,黄山地区地质结构基本稳定,但仍是一片汪洋。

黄山

到距今约 4.1 亿年的志留纪末期,地壳活动加剧,晚加里东运动使黄山地区上升而成为陆地,海水全部退去,这是黄山地区在地质历史上首次露出海面。在经历了大约 5000 万年的相对稳定后,到了石炭纪,柳江运动又引海水卷土重来,黄山地区重新沉入海平面以下。地质专家曾在黄山脚下谭家桥等地发现三叶虫化石,证明黄山地区 4 亿年前确为海洋(古扬子海)。

在距今约 2 亿年前的三叠纪末期,划时代的印支运动使地壳隆起而成为陆地,海水退出安徽境内,最终结束了黄山地区漫长的海侵历史和海相沉积,从而进入了陆相地史发展的新阶段。进入侏罗纪以后,影响遍及我国的燕山运动,以强烈频繁的活动,不断地改造、雕塑着黄山地壳的地貌。到早白垩纪时,晚燕山运动又一次震撼江南大地,深藏于地壳下部炙热的岩浆,沿着印支运动时形成的褶皱带,从黄山这块比较薄弱和断裂发育的地壳内乘虚上升,侵入到距地表约数千米的古老地层中。随着温度和压力的改变,这些岩浆由边部向中央慢慢地冷却凝结而成黄山花岗岩体的胚胎,这便是距今约1.25亿年时形成的"地下黄山"。黄山花岗岩体侵入地壳形成之际,也就是黄山山体雏形孕育铸就之时。在经历了一次次的变化之后,黄山岩体的雏形终于形成。黄山岩体,是同源岩浆在地球涨缩中,多次脉动侵入形成的复式花岗岩。早期和主体期侵入的岩体,分布在边缘和外围,颗粒较粗;补充期和末期侵入的岩体,分布在内圈和中央,颗粒较细。黄山岩体呈现出明显的中高外低的套叠式分布特征。

在深部地壳不断被熔成岩浆,并被挤压而向中央上侵的过程中,黄山山体也被自行拔高,但此时的黄山花岗岩体仍然埋藏在地下,上面还覆盖着数千米的沉积盖层。在经历了多次的间歇抬升之后,覆盖在岩体上的巨厚盖层不断地被风化剥蚀。到了距今五六千万年前的第三纪喜马拉雅运动早期,这些沉积盖层随着山体的抬升而逐渐被剥蚀殆尽,黄山终于露出了地表,形成了莲花峰、光明顶和天都峰等花岗岩山峰,但当时尚无今日如此巍峨伟丽的风姿。在第三纪和第四纪期间,喜马拉雅运动使地壳普遍抬升,隆起扩大,黄山也相应不断升起,同时经受剥蚀,逐渐形成了高逾千米、翘首云天的花岗岩峰林。

在第四纪时期,黄山曾先后发生了三次冰期,冰川的搬运、剥蚀和侵蚀作用,在花岗岩体上留下了很多冰川遗迹,形成了遍布黄山的冰川地貌景观。再加上露出地表以后,受到大自然千百万年的天然雕凿,终于形成了今天这样气势磅礴、雄伟壮丽的自然奇观。

华　山

小快递

华山又名太华山,位于陕西省西安市以东120千米历史文化故地渭南市境内,北临坦荡的渭河平原和咆哮的黄河,南依秦岭,是秦岭支脉分水脊的北侧的一座花岗岩山。凭借大自然风云变幻的装扮,华山的千姿万态被有声有色地勾画出来。

华山海拔2154.9米,古称"西岳",是我国著名的五岳之一,它扼守着大西北进出中原的门户。华山是由一块完整硕大的花岗岩体构成的,现在的华山有东、西、南、北、中五峰,主峰有南峰"落雁"、东峰"朝阳"、西峰"莲花",三峰鼎峙,"势飞白云外,影倒黄河里",人称"天外三峰"。还有云台、玉女二峰相辅于侧,三十六小峰罗列于前,虎踞龙盘,气象万千。因山上气候多变,形成"云华山"、"雨华山"、"雾华山"、"雪华山",给人以仙境美感。

东峰

东峰海拔2096.2米,是华山主峰之一,因位置居东得名。峰顶有一平台,居高临险,视野开阔,是著名的观日出的地方,人称朝阳台,东峰也因之被称为"朝阳峰"。

东峰由"一主三仆"四个峰头组成,朝阳台所在的峰头最高,玉女峰在西,东石楼峰居东,博台偏南,宾主有序,各呈千秋。古人称华山三峰,指的是东西南三峰,玉女峰则是东峰的一个组成部分。今人将玉女峰称为中峰,使其亦作为华山主峰单独存在。

东峰

古时称登东峰道路艰险，《三才图会》记述说：山冈如削出的一面坡，高数十丈，上面仅凿了几个足窝，两边又无树枝藤蔓可以攀缘，登峰的人只有在石坡上手脚并用才能到达峰巅。今已开辟并拓宽几条登峰台阶路，游人可安全到达。

东峰顶生满巨桧乔松，浓荫蔽日，环境非常清幽。游人自松林间穿行，上有绿荫，如伞如盖，耳畔阵阵松涛，如吟如咏，顿觉心旷神怡，超然物外。明代书画家王履在《东峰记》中谈他的体会说：高大的桧松荫蔽峰顶，树下石径清爽幽静，风穿林间，松涛涌动，更添一段音乐般的韵致，其节律，此起彼伏，好像吹弹丝竹，敲击金石，多么美妙！

东峰有景观数十处，位于东石楼峰侧的崖壁上有天然石纹，像一个巨型掌印，这就是被列为关中八景之首的华岳仙掌，巨灵神开山导河的故事就源于此。朝阳台北有杨公塔，与西峰杨公塔遥遥相望，为杨虎城将军所建，塔上有杨虎城将军亲笔所题"万象森罗"四字。此外，东峰还有青龙潭、甘露池、三茅洞、清虚洞、八景宫、太极东元门等。遗憾的是有些景观因年代久远或天灾人祸而废，现仅存遗址。20世纪80年代后，东峰部分景观逐步得以修复。险道整修加固，亭台重新建造，在1953年毁于火患的八景宫旧址上，已重新矗立起一栋两层木石楼阁，是为东峰宾馆。

南峰

南峰海拔2154.9米，是华山最高主峰，也是五岳最高峰，古人尊称它是"华山元首"。登上南峰绝顶，顿感天近咫尺，星斗可摘。举目环视，但见群山起伏，苍苍莽莽，黄河渭水如丝如缕，漠漠平原如帛如绵，尽收眼底，使人真正领略华山高峻雄伟的博大气势，享受如临天界，如履浮云的神奇情趣。

峰南侧是千丈绝壁，直立如削，下临一断层深壑，同三公山、三凤山隔绝。南峰由一峰二顶组成，东侧一顶叫松桧峰，西侧一顶叫落雁峰，也有说南峰由三顶组成，把落雁峰之西的孝子峰也算在其内。这样一来，落雁峰最高,居中,松桧峰居东,孝子峰居西,整体像一把圈椅,三个峰顶恰似一尊面北而坐的巨人。明朝人袁宏道在他的《华山记》一书中记述南峰形象说:"如人危坐而引双膝。"

南峰

　　落雁峰名称的由来,传说是因为回归大雁常在这里落下歇息。峰顶最高处就是华山极顶,登山人都以能攀上绝顶而自豪。历代的文人们往往在这里豪情大发,赋诗挥毫,不一而足,因此留给后世的诗文记述颇多。峰顶摩崖题刻更是琳琅满目,俯拾皆是。冯贽在他的《云仙杂记》中记述唐代诗人李白登上南峰感叹说:"此山最高,呼吸之气,可通帝座矣,恨不携谢朓惊人句来搔首问青天耳。"宋代名相寇准写下了"只有天在上,更无山与齐。举头红日近,俯首白云低"的脍炙人口的诗句。

　　西峰

　　西峰海拔 2082 米,是华山主峰之一,因位置居西得名。又因峰巅有巨石形状好似莲花瓣,古代文人多称其为莲花峰、芙蓉峰。袁宏道在他的《华山永》中记述:"石叶上覆而横裂";徐霞客《游太华山日记》中也记述:"峰上石耸起,有石片覆其上,如荷叶。"

　　西峰为一块完整巨石,浑然天成。西北绝崖千丈,似刀削锯截,其陡峭巍峨、阳刚挺拔之势是华山山形之代表，因此古人常把华山叫"莲花山"。

西峰南崖有山脊与南峰相连，脊长 300 余米，形态好像一条屈缩的巨龙，人称为"屈岭"，也称"小苍龙岭"，是华山著名的险道之一。

西峰上景观比比皆是，有翠云宫、莲花洞、巨灵足、斧劈石、舍身崖等，并伴有许多美丽的神话传说，其中尤以沉香劈山救母的故事流传最广。

北峰

北峰海拔 1614.9 米，为华

西峰

山主峰之一，因位置居北得名。北峰四面悬绝，巍然独秀，有若云台，因此又名云台峰。唐代诗人李白在《西岳云台歌送丹丘子》一诗中曾写道："三峰却立如欲摧，翠崖丹谷高掌开。白帝金精运元气，石作莲花云作台。"

峰北临白云峰，东近量掌山，上通东西南三峰，下接沟幢峡危道，峰头是由几组巨石拼接而成，浑然天成。峰南有著名的险道苍龙岭，势陡如刀削斧劈。绝顶处有平台，原建有倚云亭，现留有遗址，是南望华山三峰的好地方。峰腰树木葱郁，秀气充盈，是攀登华山绝顶途中理想的休息场所。

峰上景观颇多，有影响的如真武殿、焦公石室、长春石室、仙油贡、神土崖、倚云亭、老君挂犁处、铁牛台、白云仙境石牌坊等，且各景点均伴有美丽的神话传说。

中峰

中峰 2037.8 米,居东、西、南三峰中央,是依附在东峰西侧的一座小峰,古时曾把它算作东峰的一部分,今人将它列为华山主峰之一。峰上林木葱茏,环境清幽,奇花异草多不知名,游人穿行其中,香溢襟袖。峰头有道教建筑名玉女祠,传说是春秋时秦穆公之女弄玉的修身之地,因此此峰又被称为"玉女峰"。

史志记述,秦穆公之女弄玉姿容绝世,通晓音律,一夜在梦中与华山隐士萧史笙箫和鸣,互为知音,后结为夫妻。由于厌倦宫廷生活,两人乘龙跨凤来到华山。

中峰

中峰多数景观都与萧史弄玉的故事有关。如明星玉女崖、玉女洞、玉女石马、玉女洗头盘等。玉女祠建在峰头,传说当年秦穆公追寻女儿来到华山,一无所获,只好建祠纪念。祠内原供有玉女石尊一尊,另有龙床及凤冠霞帔等物,后全毁于天灾人祸。今祠为后人重建,玉女塑像为1983 年重塑,其姿容端庄清丽,古朴自然。

峰上还有石龟蹼、无根树、舍身树等景观，与其相关的传说都妙趣横生，从不同角度丰富了中峰的内涵，增添了中峰的神奇与美丽。

古人抒写玉女及玉女峰的诗文较多。唐代杜甫在他的《望岳》诗中有"安得仙人九节杖，拄到玉女洗头盆"句；明代顾咸正《登华山》诗中有"金神法象三千界，玉女明妆十二楼"句等等。这些诗文更为中峰锦上添花，是不可多得的研究中峰的宝贵资料。

泰 山

小快递

泰山是我国的"五岳"之首，有"天下第一山"之美誉，又称东岳，是中国十大名山之一。泰山位于山东省中部，1987 年被列入《世界自然文化遗产名录》。数千年来，先后有 12 位皇帝来泰山封禅。孔子留下了"登泰山而小天下"的赞叹，杜甫则留下了"会当凌绝顶，一览众山小"的千古绝唱。

泰山

中华民族的精神象征——泰山,被誉为中国的"国山"。泰山绵亘于泰安、济南、淄博三市之间,东西长约 200 千米,南北宽约 50 千米。主峰玉皇峰,在泰安市城区北。贯穿山东中部,主脉、支脉、余脉涉及周边十余县。

泰山东望黄海,西临黄河,汶水环绕,前瞻圣城曲阜,背依泉城济南,以拔地通天之势雄峙于中国东方,以五岳独尊的盛名称誉古今。泰山,不仅是历代帝王所奉为的"神山",更是中华民族的精神象征、华夏历史文化的缩影。

泰山的风景名胜以主峰为中心,呈放射形分布,拔起于齐鲁丘陵之上,主峰突兀,山势险峻,峰峦层叠,形成"群峰拱岱"的高旷气势。

泰山多松柏,更显其庄严、巍峨、葱郁;又多溪泉,故而不乏灵秀与缠绵。缥缈变幻的云雾则使它平添了几分神秘与深奥。它有旭日东升、云海玉盘、晚霞夕照、黄河金带等十大自然奇观及石坞松涛、对松绝奇、桃园精舍、灵岩胜景等十大自然景观,宛若一幅天然的山水画卷;人文景观的布局重点从泰城西南祭地的社首山、蒿里山至告天的玉皇顶,形成"地府"、"人间"、"天堂"三重空间。岱庙是山下泰城中轴线上的主体建筑,前连通天街,后接盘道,形成山城一体。由此步步登高,渐入佳境,而由"人间"进入"天庭仙界"。

泰山玉皇顶

玉皇顶是"天下第一山"——泰山主峰之巅,因峰顶有玉皇庙而得名。

玉皇顶位于碧霞祠北,为泰山绝顶,旧称太平顶,又名天柱峰。玉皇庙位于玉皇顶上,古称太清宫、玉皇观。东亭可望"旭日东升",西亭可观"黄河金带"。玉皇顶海拔 1545 米,气势雄伟,拔地而起,不愧为"天下第一山峰"。

旭日东升

玉皇顶

　　泰山日出是壮观而动人心弦的，是岱顶奇观之一，也是泰山的重要标志，随着旭日发出的第一缕曙光撕破黎明前的黑暗，东方天幕由漆黑逐渐转为鱼肚白、红色，直至耀眼的金黄，喷射出万道霞光，最后，一轮火球跃出水面，腾空而起，整个过程像一个技艺高超的魔术师，在瞬息间变幻出千万种多姿多彩的画面，令人叹为观止。岱顶观日历来为游人所向往，也使许多文人墨客为之高歌。

　　云海玉盘

　　泰山云雾可谓呼风唤雨，变幻无穷。时而山风呼啸，云雾弥漫，如坠混沌世界；俄顷黑云压城，地底兴雷，让人魂魄震动。游人遇此，无须失望，因为你将要见到云海玉盘的奇景。有时白云滚滚，如浪似雪；有时乌云翻腾，形同翻江倒海；有时白云一片，宛如千里棉絮；有时云朵填谷壑，又像连绵无垠的汪洋大海，而那座座峰峦恰似海中仙岛。站在岱顶，俯瞰下界，可见片片白云与滚滚乌云融为一体，汇成滔滔奔流的"大海"，妙趣横生，又令人心潮起伏。

晚霞夕照

当夕阳西下的时候,若漫步泰山极顶,又适逢阴雨刚过,天高气爽,仰望西天,朵朵残云如峰似峦,一道道金光穿云破雾,直泻人间。在夕阳的映照下,云峰之上均镶嵌着一层金灿灿的亮边,时而闪烁着奇异的光辉。那五颜六色的云朵,巧夺天工,奇异莫测,如果云海在此时出现,满天的霞光则全部映照在"大海"中,那壮丽的景色、大自然生动的情趣,就更加令人陶醉了。晚霞夕照与黄河金带的神奇景色,与季节和气候有着很大的关系。为了能充分领略和享受这一奇观美景,登泰山者就必须选择恰当的旅游时机。应该说秋季最好,因为这时风和日丽,天高云淡;其次是大雨之后,残云萦绕,天朗气清,尘埃绝少,山清水秀。你尽可放目四野,饱览"江山如此多娇"的美景。

晚霞夕照

解密匙

巍巍泰山,是怎样形成的呢?

泰山大约形成于 3000 万年前的新生代中期。泰山的地层是由世界上最古老的岩石之一构成的,主要是混合岩、混合花岗岩及各种片麻岩,其中还有许多火成岩体侵入。变质时代距今约 24.5 亿年,侵入于其中的伟晶岩最古老的年龄大约是 25.86 亿年。这时鲁西地区(包括泰山在内)

曾经是一个巨大的沉降带或海槽,上面堆积了上万米厚的泥砂质岩层和一些基性火山岩。继而又发生了强大的造山运动,即泰山运动,使沉降带原先堆积的岩层褶皱隆起为古陆,形成了规模巨大的山系。古泰山露出了海面。同时伴随着岩层的褶皱产生了一系列断裂、岩浆活动和变质作用,使原先沉积的岩石发生变质。在泰山山麓的南缘,出现了一个大致呈东西走向的弧形深断裂,成为泰山发展变化的肇始。随后又遭受多次强烈的混合岩化和花岗岩化作用,逐渐变成了今日在泰山上所看到的各种变质岩和混合岩。

屹立于海平面上的古泰山,经过近 20 亿年的长期风化剥蚀,地势渐趋平缓。到距今约 6 亿年前的早古生代,华北广袤地区大幅度平稳下降,古泰山又沉沦于大海中。大约又经历了 1 亿多年,古老变质岩的剥蚀面上逐渐沉积起 2000 多米厚的沉积岩地层。早古生代末期,整个地区再次抬升为广阔无垠的陆地,古泰山隆起为一个低矮的荒丘。距今约二三亿年的晚古生代中晚期,华北地区重又下降,并发生了多次海侵,古泰山成了大海中的孤岛。而后又继续上升,进入大陆发展阶段。

距今约 1 亿多年前的中生代晚期,由于太平洋板块向亚欧大陆板块挤压和俯冲,泰山在燕山运动的影响下,地层发生了广泛的褶皱和断裂。在频繁而激烈的地壳运动中,泰山山体快速抬升,并在隆起的过程中遭受风化剥蚀。这时因断块发生了间歇性的升降差异,南部山区猛烈抬升,造成了南高北低的掀斜式断块山。最后在山体高处,原来覆盖着的2000 多米的沉积岩全部剥蚀掉,古老的泰山杂岩重见天日,开始形成了泰山的雏形。受变质影响的花岗岩,因抗蚀性强,就构成了峰峦高崖。

泰山在距今约六七千万年前的新生代初期,由于喜马拉雅山运动的影响,大幅度地抬升,至距今约 3000 万年前的新生代中期,今日泰山的轮廓才基本形成。所以,如今泰山主峰及其周围的山峦,海拔多在千米以上,而且古老杂岩裸露。主峰南麓的泰安市海拔仅 153 米,自市区至泰山极顶仅 9 千米,其相对高差竟达 1392 米。大自然的鬼斧神工,使泰山谷幽壑深,壁立千仞。

泰山美景

天 山

小快递

天山是中亚东部地区(主要在我国新疆)的一条大山脉,横贯我国新疆维吾尔自治区的中部,西端伸入哈萨克斯坦。古名白山,又名雪山,冬夏有雪。天山最高海拔高达 7000 多米,平均海拔约 5000 米。天山山脉把新疆维吾尔自治区分成两部分:南边是塔里木盆地,北边是准噶尔盆地。

全景照

天山是由东西走向的褶皱断块山组成的,山间有陷落盆地,如哈密盆地、吐鲁番盆地,西部有伊犁谷地。

位于乌鲁木齐市以东的博格达峰海拔 5445 米,峰上的积雪终年不化,人们称它"雪海"。位于博格达峰山腰的天池,清澈透明,是新疆著名的旅游胜地。目前,博格达峰自然保护区已被纳入联合国"人与生物圈"

自然保护区网。托木尔峰，海拔 7435 米，是天山的最高峰。

雪中天山

在天山山系中，海拔在 5000 米以上的山峰大约有数十座，这些高耸入云的山峰，终年为冰雪覆盖，远远望去，那闪耀着银辉的雪峰，是那样雄伟壮观、庄严而神秘。

博格达峰

博格达峰是天山东部博格达山的最高峰，与其并列的还有两座海拔分别为 5287 米、5213 米的雄峰。三峰并立，酷似一只笔架，当地牧民把它们合称为三座神山。山峰 3800 米以上是终年不化的积雪区，白雪皑皑，故有"雪海"之称。

博格达峰距新疆维吾尔自治区首府——乌鲁木齐 70 千米，它不仅是勇敢的登山者攀登的目标，也是具有神奇魅力的旅游胜地。自乌鲁木齐驱车前往，可以先到阜康，然后进入山口。汽车在时宽时窄的葫芦状谷地中溯源而上，眼前先是一片碧绿的山地草原，而后又出现茂密的森林。穿过一道深而窄的石峡，爬上一道 400 米高的天然大坝，一个碧波荡漾、风光如画的湖泊出现在眼前，它便是天山天池。

天山天池

天池是由古代冰川和泥石流堵塞河道而形成的高山湖泊。湖面海拔1900多米,长约3500米,宽从800米到1500米不等,湖泊最大深度104米,狭长曲折,清澈幽深。四周雪峰上消融的雪水,汇集于此,成为天池源源不断的水源。周围山坡上长着挺拔的云杉、白桦、杨柳,西岸修筑了玲珑精巧的亭台楼阁,平静清澈的湖水倒映着青山雪峰,风光旖旎,宛若仙境。

天池南面映衬着雄伟的博格达峰。登博格达峰,需要乘马从天池西岸绕到湖的南端,溯大东沟而上。大东沟谷地和缓开阔,谷底和阴坡云杉密布,阳坡上布满了灌木丛。谷地海拔在2800米以上,地势比较和缓。夏季,这里是一派生机勃勃的草原景象。平坦的河岸边,隆起的古冰碛(qì)垄上,山地向阳的缓坡上,牛羊成群,牧歌悠扬,这里是哈萨克牧民放牧牛羊的高山牧场。

沿着谷地上行,随处可见保存完好的古冰碛和冰川侵蚀地貌。在大东沟源头,由于冰川的侵蚀作用,有一个古粒雪盆,成为只有3660米高,沟通博格达峰南北坡高山牧草的交通要道——古班博格达山口,又称山垭口。站在博格达山口上眺望，博格达峰及其北坡一条大冰川已一览无余。地质学家李承三先生考察博格达峰后，曾以"银峰怒拔，冰流塞谷，万山罗拜，惟其独尊"的简短数句，形象地概括了其山势的雄伟和冰川作用之强盛。据统计，整个博格达山脉共有300多条冰川，而博格达峰区占据了1/4以上。博格达峰四周都是60°左右的陡峻山坡，山坡上沉积了深厚的积雪，很容易形成雪崩。雪崩是冰川的重要补给来源，对延续冰川生命活动起着巨大作用。

博格达峰北坡的一条冰川，面积约11平方千米，是博格达峰区最大的一条冰川。它的粒雪区很陡，冰舌却较平缓，裂缝纵横交错，密如蛛网。这条冰川夏季消融强烈，融水汇成许多冰川河道，最大的宽达三四米，水声咆哮，不绝于耳。冰面上，布满了大大小小的冰川漂砾。

当漂砾周围的冰面因消融而下降时，被漂砾遮蔽的冰体便形成冰柱，形似蘑菇，人们将这种漂砾和冰柱的复合体称之为冰蘑菇。博格达峰北坡这条大冰川的数道冰流汇合为统一的冰舌后，又分别注入北坡的四工河和南坡的古班博格达果勒河，成为南北疆两大内陆流域分水岭的一部分。

博格达峰

博格达峰区的过去和现在的大量冰川活动,使该地区形成了丰富多彩的古冰川遗迹和冰缘地貌。博格达峰附近的几乎所有河流上游,都有完美的 U 形谷,高达数十米,上面已生长了云杉、高山灌木丛或发育成高山草甸的古终碛垄,高低不同、大小不一的羊背石,形态各异的冰碛湖、冰蚀湖,高达几十米甚至上百米的古冰坎,还有残留在谷坡上的古冰斗。作为冰缘地貌典型代表的多边形土、石环、石带、冰冻泥流、热融滑塌等,这里也比比皆是。置身博格达峰,仿佛是在游览一座活生生的冰川地貌博物馆,令人眼界大开,惊叹不已。

托木尔峰

"明月出天山,苍茫云海间。"比博格达峰更加雄伟,直插云霄的托木尔峰,又有一番独特的雪山风光。这座天山最高峰,位于中国和哈萨克斯坦国界峰汗腾格里峰西南 20 千米的中国境内。在它周围 6000 米以上的高峰达十余座,除汗腾格里峰外,还有形似花朵的雪莲峰,洁白的大理岩上覆盖着白雪的阿克塔什峰(白玉峰),形似卧虎的却勒博斯峰(虎峰)。这些巍峨耸立的山峰,披着银盔白甲般的冰雪,在湛蓝的天穹下银光闪烁。

天山冰川

托木尔峰地区最为壮观的景色当推汗腾格里冰川。在托木尔峰地区 800 多条冰川中,汗腾格里冰川最长,长达 60.8 千米,是世界八大山谷冰川之一。该冰川冰面上覆盖着大小不等的石块,人可以在其上行走。冰川之上有无数水深莫测的冰面湖、数百米深的冰裂缝,还有浅蓝色的冰融洞、冰钟乳、水晶墙、冰塔、冰锥、冰蘑菇、冰桌和冰下河等冰川奇观。这里的天气多变,有时晴空万里,突然霹雷一声震天响,抬头望去,不远处的雪尘滚滚飞扬,飞泻而下,掀起数十米至数百米高的雪浪。腾起的雪雾,像蘑菇云那样上升、扩散,景色十分壮观。但是这种时有发生的雪山奇景——雪崩,却是冰川考察者和登山运动员最危险的敌人。托木尔峰这种惊险环境中的奇异风光,只有不畏艰险的勇士身临其境,才能领略和欣赏到,可谓"无限风光在险峰"。

除壮观的冰川奇景外,托木尔峰地区还有许多远近闻名的温泉。位于北木扎尔特河谷东侧的阿拉善温泉便是其中之一。夏季,这里河水潺潺,泉水叮咚,周围那茂密的天山云杉和白桦林带下,黄色的败酱草花竞相开放。这里已成为新疆维吾尔自治区著名的疗养区。阿拉善的泉水呈季节变化,冬春基本干涸,6~8 月,泉水量最大。温泉水中含有微量的硫化物和苏打等矿物质,对很多疾病有一定疗效。

解密匙

美丽的天山孕育着热情和希望,你知道天山是怎样形成的吗?

天山属于比较年轻的山系,形成于距今约二三百万年前。在距今约 1200 万~200 万年前,天山在其演化中发生较为突出的变化,东西向分布,条状隆起,形成今天的规模。同时吐鲁番盆地也在此次演化中形成,由于断裂后的长期沉降,成为中国海拔最低的低地,与博格达峰相映成趣。

第二章 奇峰异林

龟 峰

龟峰地处江西省上饶市弋阳县境内,西倚龙虎,东临三清,北望婺源,南靠武夷,雄踞于赣鄱大地之上。因其"无山不龟,无石不龟",且整个景区就像一只硕大无比的昂首巨龟而得名。龟峰素有"江上龟峰天下稀"之美誉。

全景照

龟峰,山峦峻峭,峰岩秀逸,怪石嶙岣,岩洞幽奇;云海层层,雾涛翻滚,朝阳似火,晚霞溢金;苍松挺拔,翠竹亭亭,草木葱茏,四季花香;林间珍禽和鸣,山间奇兽出没;清泉细无声,雨花来无际……真可谓三十六峰,峰峰奇特;八大景观,景景壮观。有人称龟峰为"小庐山"。

龟峰风景优美,奇峰如画,是一处魅力无穷的旅游胜地。龟峰有"绝世三奇",即独步天下的龟形山石之奇、天造地设的洞穴佛龛之奇和千古流芳的仁人志士之奇,集"绿色"、"古色"和"红色"旅游为一体。"绿色"是以龟峰为代表的自然风景观光区,森林覆盖率达到80%,有国家级森林公园和三十六峰八大景;"古色"是以南岩寺为代表的宗教文化游览区,有唐宋时期佛雕40余座,是中国佛教禅宗的发祥地之一,而且历史上这里儒、佛、道三教融合;"红色"以方志敏纪念馆为代表,包括叠山书院、方志敏故居。

龟峰诸景

三叠龟峰

三叠龟峰位于景区中心南面200余米处。一座如劈似削的石柱拔地而立,高达77余米,峰顶有三块形似乌龟的巨石相重叠,故而得名。

三叠龟峰

一线天

一线天位于"天然三叠"东侧,是由三叠龟峰、卧牛峰并立而成,两峰相距不足三尺,峰壁陡峭,形成一条高近百米,长达数十米之狭道,整个天地看似有边又无边。明代天启年间书法家在三叠龟石壁上刻有"一线天"三字,故得名。立于此处,顺狭道仰望,只见青天一线,人若在斗盆之中,使人陡增在夹缝中求生存、于一线中求发展的万丈豪气。"一线天"景观龟峰景区有六处之多,尤以骆驼峰"一线天"为最险。

南天一柱

南天一柱位于三叠龟峰东南约1500米处,是一块柱状巨石,高100余米,海拔400米以上,形若巨人。细观其貌,则犹如"二郎真君",十分威严。传说为杨二郎在龟峰征战时留下的化身。其实,沿着龟峰游览主线路往西来到此峰脚下,它更像一座巨型宝塔,层次清楚,且每层都有许多金龟伸出脖子,探头探脑,似乎也在欣赏龟峰的美妙景致。

八戒峰

八戒峰位于三叠龟峰东南约2000米处,呈三角状,同二郎峰和海螺峰相邻,有一块高约数十米之奇石,掩在一座小山包之后,伸出头颅,状若猪八戒,惟妙惟肖,憨态可掬,令人捧腹。相传龙宫美女如云,好色的八戒劣性未泯,偷偷溜到龙宫调戏美女,不料被发现,弄得进退两难,尴尬异常。传说固然离奇,但八戒峰逼真的造型、可掬可描的情态,不能不让人惊叹大自然的造化之功。

八戒峰

船篷峰

船篷峰位于三叠龟峰东北 6000 米处,峰高约 50 米。中间似船篷高挂,远观似坟墓,故又名"石墓峰"。相传远古时,这一带方圆数百里都是一片汪洋大海,一个渔夫驾船至此触礁沉没,即成了这副模样。此峰四周沟壑林立,风光分外妖娆。

锦屏峰

锦屏峰位于三叠龟峰西北,东面与双剑峰紧邻。有一座宽约 160 米如屏风般的崖壁,断面平展如削,石色赤红,颜润如玉,在不同的季节、时令,映现出不同的画面,流光溢彩,气如虹霞。相传此峰为玉帝所赐宝物如意锦屏所化,有点石成金、化腐朽为神奇之功。有诗为证:"半天奇石舞东风,向雾妖娆山腰峰。嶂下乔灌争挺拔,一连锦屏大山中。何当再觅如意锦,化腐为奇建新功。"

海螺峰

位于三叠龟峰东南约 2000 米,南面与二郎峰相邻。高约数十米,呈螺旋状,若金字塔结构,如海螺一般,故名。

奇人峰

奇人峰位于三叠龟峰东南约 5000 米处,与女王峰相邻。其小巧玲珑,既像一具无皮无肉的骷髅头,更像科幻图片中的外星人,故称其为"天外来客"。又因此峰"五官俱全",却又"五官不正",人们说它像舞台上的卓别林，也有人干脆称其为"奇人峰"。此峰右侧山壁上，有南宋著名抗元志士谢叠山《龟峰》诗："三十二峰峰最高，脚踏高处真人豪。近观灵山一嵝嵝，俯视彭蠡无波涛。眼明始见沧海阔，心闲却怜尘世劳。后百千年谁独立，万古一览皆秋毫。"此诗是当年谢叠山登临此峰时真实心境的写照，似乎也暗合此峰情势。从此处南望，一碧千里，青山无限，众山皆小；北望整个龟峰，"百变神龟"尽收眼底，确是风光无限。

奇人峰

老鹰戏小鸡

"老鹰戏小鸡"位于三叠龟峰东南 200 米处，在童子拜观音北侧。两石一左一右，颇为奇异，右边一石似惊恐之状的小鸡，两翼欲展，缩脖藏头；左边一石若垂涎三尺之馋鹰，望着小鸡，犹若囊中取物。两石形象逼真，跃然入画。它所蕴涵的思想正如王朝闻先生所言，龟峰一山一石、一景一观，内在的价值是语言难以形容的。此景观有"画中乾坤"之称。

老鹰戏小鸡

老人峰

老人峰为一崩塌残余孤峰，因形似老者而得名。老人峰有四看，即站在4个不同的位置观赏老人峰，会看到各不相同的景致。站在"二看"老人峰的观景点，可见"老人峰"头部与身子连接处，有三个洞孔，观其景，形成"悬而不落，斜而不坠"之奇。若专看"老人峰"头部，则很像一只古人烹食的鼎镬，称为"三足鼎立"。若整体看，极似一个顶盔贯甲的武士，故又被称为"武士峰"。

狮子峰

狮子峰三面峭壁，一面陡坡，形若雄狮，故名。从正面看，雄狮眈眈相向，气势雄伟；绕到后侧眺望，则俨然一只席地而卧、回首吼叫的猛狮，故又称"回首狮"。它的头仿佛能随着游人转动，大嘴张开，连口中利齿亦清晰可数。此峰西南怪石嶙峋，奇峰罗列，形态万千，险峻而秀美；东北则较为平缓，绿树成荫，但相对落差大，气势慑人。

四声谷

穿过一线天的窄小通道，仅行百步，即到四声谷。左面青崖万丈，上刻"渊默雷声"四字。明代游人王思任题"四声谷"三字凿于石上，字大如斗，醒目异常。立于此处，面壁高呼，仿佛地动天摇，整个山谷都为之沸腾。因高声一呼，连声答响，余音袅袅，故名。此景曾以《回声》为题成文，收入全日制初中语文教材之中，故又称为"回声谷"。它的妙处就是静中有动，动中有静，一呼百诺，让人回味无穷。

驼峰天险

骆驼峰为龟峰景区最高峰，海拔486.3米，以险峻、峭拔、雄伟、象形称雄整个龟峰。在通往骆驼峰极顶的主游道上有七道天险：一是鲫鱼背，东面是万丈绝壁，西面是千丈悬崖；二是登云梯，此梯上下悬空架在绝壁上，是登骆驼峰的唯一通道；三是"一线天"，此"一线天"比"天然三叠"处的"一线天"险峻数倍；四是飓风峡，走过"一线天"，来到飓风峡，此处"山高月小"，"狂风如电"，虽风光无限，却令人胆战；五是"壁虎崖"，这是骆驼峰极顶的最后一道难关,能通过的人少之又少,所谓"壁虎崖",就是说无壁虎游墙绝技,莫想上得去;六是断魂沟,上了骆驼峰,过不了这个天然裂缝,也难窥见骆驼峰极顶的无边秀色;七是绝胜坡,此处倾斜度达45°,要想看到整个龟峰及其周围七八个县市甚至更远处的绝景非小心走过此处不可。所以游人们说,"无胆莫上骆驼峰,上得驼峰真英雄。"只有过了这七道难关,登上骆驼峰极顶,才能真正享受到龟峰千万年积聚来的灵气,因为骆驼峰顶是整个龟峰景区的"龟头"。

解密匙

老人峰"悬而不落,斜而不坠",使人惊叹,也使人心生好奇,那么你知道产生这种奇观的原因是什么吗?

专家对老人峰为什么会"悬而不落,斜而不坠"进行了解释,因老人峰的头部经风化后,留下了3个支撑点,所谓"三足鼎立",所以"老人峰""悬而不落,斜而不坠"。专家介绍说,"老人峰"属于崩塌残余型丹霞地貌。此类地貌突出强调以崩塌作用为主,残余的山体、石块规模一般相对较小,且在后期的风化溶蚀作用下常被塑成千姿百态、栩栩如生的造型。此类地貌广泛分布于龟峰景区,但以老人峰最为突出和典型。

路南石林

小快递

路南石林是云南省著名的景观,位于云南省昆明市石林彝族自治县,距昆明市72千米,是传说中阿诗玛的故乡。

路南石林有奇石组成的石头森林,梦幻般的溶洞,秀丽的高原淡水湖泊,飞流奔腾雄伟壮观的瀑布。大自然美丽动人的景色,与这里的彝族风情相辉映,被誉为"天下第一奇观",成为世界著名的旅游胜地。

　　云南路南石林所在的路南县是我国岩溶地貌（也称喀斯特地貌）比较集中的地区，全县共有石林面积约 400 平方千米。景区由大、小石林以及乃古石林、大叠水、长湖、月湖、芝云洞、奇风洞 7 个风景区组成。其中石林的像生石，数量多，景观价值高，举世罕见。石林中遍布着上百个黑色大森林一般的巨石群。只见奇石拔地而起，参差峥嵘，千姿百态，巧夺天工。

路南石林

　　美丽的路南石林风光，因观赏角度不同，景物展现的就不同。远近高低各不同，这是石林景观的真实写照。登高远望，扩大视野，石林就像一片刚出土的幼苗。绿树把灰黑色的石林点缀得十分秀美。远观石林，没有遮挡，又像层层叠起的积木，疏密有致。

石林

　　石林是大自然鬼斧神工的杰作。在路南广达 400 平方千米的区域内，遍布着巨石群。有的独立成景，有的纵横交错，连成一片，占地数十亩。石林的主要游览区李子箐石林，面积约 12 平方千米，游览面积约 1200 亩。主要由石林湖、大石林、小石林和李子园几个部分组成，游路 5000 多米，是石林景区内单体最大，也是最集中、最美的一处。每年农历六月二十四日的火把节，石林四周的彝、汉等各族群众都要从四面八方汇集到石林欢庆佳节。人们在白天举行摔跤、爬杆、斗牛等比赛活动,夜晚则燃起熊熊篝火,耍龙、舞狮、表演民族歌舞。

外石林

外石林主要指位于大、小石林之外的周围风景区。这片风景区方圆数十里。在野岭荒山、鲜花绿树丛中,又有许多奇峰怪石点缀其间。这些异石个体庞大,形象生动,加上周围环境生机勃勃,视野也较为开阔,游览又别有一种情趣和感受。

乃古石林

乃古石林位于石林以北 13 千米处,也叫新石林或摩寨石林,占地5000 多亩,新辟游路 6000 多米。与石林相比,这里又是另外一种特色和风格。进入乃古石林,只见黑森森的一片怪石如大海怒涛冲天而起,气势磅礴,又像壁垒森严的古代战场,令人思绪万千。景区内还有神奇瑰丽的地下溶洞,人们称之为地下天宫或水晶宫,属地下岩溶地貌。

乃古石林

大叠水瀑布

大叠水瀑布位于路南县城西南 20 千米处,有公路相通至叠水电站,舍车步行两三千米便可到达。瀑布的水源为南盘江的支流巴江,落差 88米,最大流量达 150 立方米/秒。洪水季节,只见飞流直下,气势磅礴,声震山野,数里之外可闻其声。干旱季节,飞瀑则分两股下泻,有如银链垂空,纤秀柔美。

长湖

长湖位于路南县城东 15 千米处的维则村旁,是岩溶湖泊。湖长3000 米,宽仅 300 米,故名。湖中有蓬莱岛,湖底布满参差错落的石笋、石柱。长湖深藏在圭山的怀抱里,故又称"藏湖"。

芝云洞

芝云洞位于石林西北约 5000 米处,又叫紫云洞以及由大、小芝云洞以及大乾洞、猪耳朵洞组成,总面积约 2.55 平方千米,它是岩溶地貌的地下奇观之一。

奇风洞

奇风洞位于李子箐石林东北 5000 米处。它由间歇喷风洞、虹吸泉和暗河三部分组成。每年 8~11 月,会时有大风从大小数十厘米的喷风洞吹出,安静的大地顿时呼呼作响,尘土飞扬,并伴有隆隆的流水声。两三分钟后,一切复原,数分钟后又再次喷风。雨季间隔 15~30 分钟喷一次风,旱季约隔一小时。

解密匙

石林景观美不胜收,你知道什么叫做石林吗?

石林就是由密集林立的锥柱状、锥状、塔状石灰岩体组合成的景观。其间多为溶蚀裂隙。隙坡直立,坡壁上部有平行的溶沟。以云南的路南石林最为典型。石林相对高度一般为 20 米左右,高者可达 50 米。

元谋土林

小快递

元谋土林是一种土状堆积物塑造的、成群的柱状地形,因远望如林而得名。土林一般出现在盆地或谷地内,以近年在我国云南省元谋县发现的最为典型,反映了古地理的变迁和地貌发育的过程。

全景照

　　元谋土林主要分布在金沙江支流龙川江西侧,并沿分支水流的河谷、冲沟的边缘而分布,其中规模较大、发育较典型的有班果、虎跳滩(芝麻)、弯保、小雷宰、新华等土林群落。这些群落的面积均在5平方千米左右。土林柱体高大挺拔,每棵"林柱"均有独特的造型,形成了风姿各异的土林奇观。这些林柱,有的像古城堡,有的像殿宇,有的像宝塔,有的像巨剑冲天,有的像刀脊横地,有的像展翅欲飞的雄鹰,有的像奔驰的骏马,有的像戴头盔的赳赳卫士,有的像摇扇苦吟的书生,还有"玉女观云"、"母子偕游"的立体群像,真可谓鬼斧神工,令人叹为观止。土柱上分布密集的云母和石英等矿物质,在阳光的照射下反射着灿烂的光芒,更为土林增添了绚丽的色彩。

元谋土林

　　路南石林已驰名中外,但云南省一些地方的土林,亦足与石林争妍斗奇。

　　云南土林,分布较广,其中以元谋县的物茂土林、班果土林、新华土林为佳。它与陆良彩色沙林、路南石林并称为"云南三林"。

物茂土林

物茂土林位于云南省元谋县物茂乡罗兴村,距县城 36 千米,又称虎跳滩土林,总面积 8 平方千米,所在地海拔在 1050～1200 米之间,发育于一套河流相间的砾石层、沙层夹黏土层的地层中。

物茂土林旅游资源十分丰富,千奇百怪的土柱造型、深远宁静的幽谷地缝、高悬半空的洞穴天门、原始粗犷的沙沟荒漠、怪模怪样的五彩奇石和种类繁多的远古植物化石,组成了景区内丰富的景观。单体造型生动逼真,高大雄伟。景点分布密集,沿冲沟发育,形态多以城堡状、屏风状、帘状、柱状为主,土柱高低不一,错落有致,一般高度在 5～15 米之间,最高达42.8 米。正是由于大自然的鬼斧神工和精心雕凿,造就了千奇百怪的沙雕泥塑和诡异迷离的地质地貌,构成了元谋土林这座令人神往的艺术殿堂。

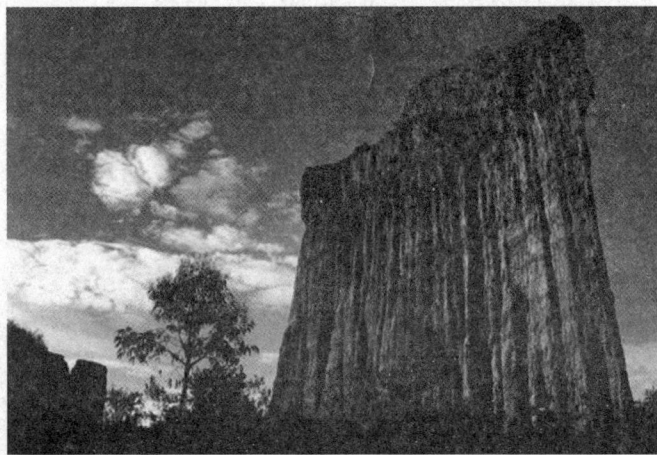
物茂土林

班果土林

班果土林位于云南省元谋县平田乡东南,距县城 12 千米,总面积达6.1 平方千米。主沟长 3.5 千米,土柱主要分布于大沙箐及支沟两旁,主要形状以古堡状、城垣状、屏风状、柱状为主,因班果土林是老年期残丘阶段的代表,所以,土林高度一般在 5～15 米,最高为 16.8 米。由于土林发育地层岩性差异,导致色彩不同,但小单元土林色彩单一,有白色土林、褐红色土林、棕黄色土林和浅黄色土林，从整体上看，以黄色为主色调。它保持了土林的原始风貌，显示出土林的雄浑壮观，土柱表面夹杂着闪烁的石英砂和玛瑙片砂，如同镶嵌了宝石，在阳光的照耀下，五光十色。

班果土林中间有一条宽阔的大沙河，河两旁分布着一条条横向延伸的支流冲沟，似一排排高大的胄甲武士在两军对峙，又似夹道欢迎远方来客光临这个沉睡千年的大漠世界。走进窄小的冲沟，里面却是宽敞的"跑马场"、"练兵场"，沿四周陡峭的坡坎边缘，土柱峰林密密匝匝，形态万千，酷似规模宏大的古建筑群，犹如东南亚的座座佛塔，欧洲哥特式的古城堡，古埃及的狮身人面像，古罗马的大教堂，西藏的布达拉宫，故宫的盘龙柱，数不胜数，目不暇接，任你充分发挥丰富的想象。

新华土林

新华土林位于元谋县城西 33 千米处新华乡境内，又名浪巴铺土林，距班果土林 15 千米，地处元谋、大姚、牟定三县交界处，总面积 8 平方千米。新华土林高大密集，类型齐全，圆锥状土林发育良好，一般高 8～25米，最高达 42.8 米，居元谋土林之冠。新华土林色彩丰富，土柱顶部以紫红色为主，中部为灰白色，下部则以黄色为基调。从远处看新华土林，就像一座座富丽堂皇的宫殿，走进去犹如置身于古堡画廊中。

新华土林

土林是在自然界的外力(主要是水流)的作用下,经历千百万年的时间而形成的。土林是一种奇异的自然地理现象,是在千差万别的地形结构、组成物质、构造运动、水文气候、土壤团力和水动力等综合因素的作用下形成的。

你知道千姿百态的土林可分为几种类型吗?

元谋土林按其成因和土柱的形态特征,可分为四种类型。当然,各种形态的土柱是混杂分布的,这就使得土林形成了丰富多彩、变化层出不穷的姿态。

土芽型

土林分布区地层岩性有差异,固结程度不一。有的因胶结与半胶结程度不同,地表岩层又长期受风化作用的影响,产生一系列的裂隙,地表径流和雨水首先沿裂隙及软岩层进行侵蚀,形成一些高度与直径比小于1,相对高度小于1的土芽。这种类型,是发展形成其他类型土林的雏形。

古堡型

水流不断在土芽型的基础上侵蚀切割,沿

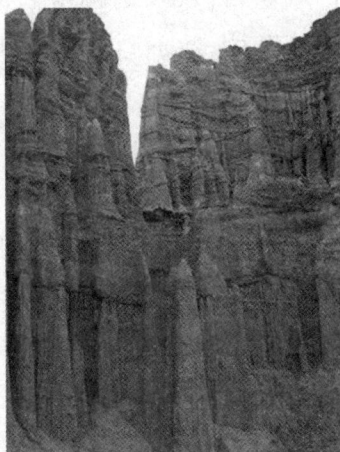

古堡型土林

着地层的垂直裂隙、水平裂隙和其他形态的裂隙以及软硬岩层的层面侵蚀、剥蚀,形成了拱峒、平峒、竖井等形状,人游于其间恍若到了古城堡一般。这种类型的土柱一般是柱体的基座相连,顶部粗大浑圆,或呈锯齿状,面积较大,相对高度2~5米,但其柱体以下的平峒、拱峒在流水与重力作用下往往容易塌陷,使柱体分离,发展为其他类型的土柱。

尖笋型

这种类型的土林,其组成物质主要是沙和黏土,胶结较松散,顶部也没有胶结坚硬的遮挡层。因此,受雨水的冲刷和地表水流的侵蚀切割,形成圆锥状的土柱。这种土林顶部尖锐，形态像硕大的雨后春笋，又像宝塔的尖顶，其高度一般为 5～10 米。

铁帽型

作为一种典型的土林类别，铁帽型分布最广。由于地层中的铁质、硅质、钙质经地表水的洗刷作用，逐渐溶解析出、渗透、淋滤至不透水层的界面上沉淀，胶结于其上部地层，形成氧化铁帽或硅质、钙质铁帽，在水流的侵蚀、冲刷作用下，渐渐暴露于柱顶，成为土柱的天然"保护伞"，使得流水和强烈的日照不能对其顶部直接地进行侵蚀、冲蚀。上头的"铁帽"和下面的土柱，相融而一，有的像垂钓的老翁，有的像出征的战士，有的像兀立的仙鹤，有的像奔驰的野马，形成了土林的又一番奇景。

陆良彩色沙林

小快递

陆良彩色沙林位于云南省曲靖市南部陆良县的召夸镇境内，已命名的 108 个景点分布在"Y"字形峡谷中，总面积 1.8 平方千米。该沙林因风化剥蚀而成，为层峦叠峰状；又因其以红、黄、白为主色调，杂以青、蓝、黑、灰色，加上季节、气候、日照及观赏角度的不同，产生绚丽多彩的色调，故名彩色沙林，是著名的地质旅游景观。

全景照

陆良彩色沙林是一个颇具特色的旅游胜地。它是大自然奉献给人类的一块瑰宝，它能让游人一饱眼福，为之赞叹，流连忘返。

陆良彩色沙林是大自然千万年来演变的结果；是地震冲击、岩浆喷射、地壳运动、风雨侵蚀逐步形成的千姿百态的地貌奇观；是七彩沙子凝聚起来的沙柱、沙峰、沙屏、沙皱的集合体。座座沙峰或独矗，或相连，参差有致，远看成林，近看成峰，高者达 30 余米。忽而盘旋直上，忽而陡然垂落，峰回路转，沿谷两壁呈现一簇簇屏、嶂、峰、崖，以及千姿百态的造型。

陆良彩色沙林

　　由于是立体造型,沙林在早、晚,雨、晴,春、夏、秋、冬,随着光线的强弱,阳光投射角度的不同,会产生不同色调构成的景观。它们酷肖一幅幅绝妙的"丹青国画",纷呈的色彩,集红、紫、蓝、黑、青、灰、绿……于一身的各式沙带为世之罕见。奇异的造型、缤纷的色彩、丰富的景观,构成了沙林多功能复合型的风景旅游区风光。

陆良彩色沙林

　　沙林的地质地貌具有重要的科学价值。几亿年地壳运动的形成,地力的切割、抬拱、下降,形成了它复杂的地质地貌。它是不可多得的古地质地貌的标本,现已加入世界自然基金会,被列为世界遗产之一加以保护。游人在这里不仅可以获取"活"的自然知识,还可以凭物怀古,顿悟世事之变迁,感怀沧海桑田之自然法则。

泉,在沙林最为独到,林内多处泉水浸渗,潺潺流水,增添了沙林之灵秀。晴时沙而不灰,干而不燥;雨时湿而不泞,行而不艰。在泉水的出口处,水翻滚蒸腾,似袅袅炊烟,如游龙出海,沙泉清澈透明,水质口感甚好。

沙,在这里独具特色,在沙林,可进行沙浴沙疗,可堆沙滑沙,可沙地狩猎,可沙地跑马,以沙为乐,内容丰富多彩。赤脚游沙林最为惬意,静站沙溪间,脚下的沙慢慢被溪水洗走,形成沙对脚板皮肤的磨擦,感觉很是特别。这里的石英沙沙质好,纯度高,粗细皆有。经化验,这里的沙含有石英砂 97.8%,并有金、银、铜、铁、锌、碘、硅等多种元素。

沙林,还有众多的野生动植物。主要有七彩小蛇(青、黄、蓝、白、黑、红、绿);七彩小蛙(青、黑、蓝、红、绿、棕、黄);七彩蝴蝶(红、黄、白、蓝、黑、青、紫);还有水獭、麂子、狐狸、穿山甲、野兔、黄鼠狼、松鼠、猫头鹰、啄木鸟、锦鸡、野鸡、斑鸠、八哥、燕子、翠鸟等。植物以兰花、含笑、杜鹃、茶花、松茸等为特色。

解密匙

走进彩色沙林,当你看到一个多彩的沙的世界,沙子凝聚而成的沙峰、沙柱、沙屏、沙滩、沙沟时,你也会情不自禁赞叹它的神奇、瑰丽。那么你知道这些神奇的沙林是怎样形成的吗?

约在 3.4 亿年前,云贵高原还是一片汪洋大海,只有陆良和牛头山露出水面成为云南东部的一块世界著名古陆地,而当时陆良坝区还沉浸在滇东的海平面以下,直到 6500 万年前的新生代时随着喜马拉雅构造运动的影响,海水下降,海滩隆起形成了一个以彩色沙石为主的巨大沙山,经阳光的照射、风雨的冲刷侵蚀,发展演化,最终在大自然的鬼斧神工雕琢下便形成了如今的彩色沙林。

第三章　别有洞天

金华三洞

浙江省金华市金华北山的双龙、冰壶、朝真三洞,合称为"金华三洞"。道家称它为"第三十六洞天"。

双龙洞

双龙洞位于金华北山西北麓,离金华约 13 千米,海拔 520 米。它的特点是"洞中有洞洞中泉,欲觅泉源卧小船"。千百年来它被人们誉为"水石奇观"。双龙洞由内洞和外洞组成,外洞面积 1200 平方米,可容千人,洞中常年温度在 15℃左右。一进洞口可见宋代书法家吴琳手书的"洞天"二字。洞口两侧上端悬有两个钟乳石"龙头",形象逼真。外洞洞底平坦,洞内石壁上钟乳石和石笋纵横交错,有的形似珍禽异兽,其中还有一块黄色钟乳石,高达 5 米,

双龙洞

如飞瀑倾泻,人们称之为"石瀑"。外洞东壁下有个小穴,内有清泉溢出,泉水清凉甘洌。从外洞进入内洞须经此小穴逆水而行,洞穴宽 3 米左右,仅容两只小船并行进出,水面离穴顶 30 余厘米,欲进入内洞,必须平卧船

中，仰面擦崖而过，饶有异趣，古人有"千尺横梁压水低，轻舟仰卧入回溪"之句。船行约10余米就进入内洞，内洞面积2000多平方米，洞底崎岖不平，洞顶高低起伏，洞内钟乳石、石笋比比皆是，奇形怪状，灯光辉映，宛若置身于"水晶龙宫"。

冰壶洞

出双龙洞拾级而上，即至冰壶洞。该洞海拔580米，洞口朝天，口小、肚大、身长，进洞如入壶中，故名。洞口石碑上刻一代文豪郭沫若游冰壶洞后赋诗："银河倒泻入冰壶，道是龙宫信是诬。满壁珠玑飞作雨，一天星斗化为无。瞬看新月轮轮饱，长有惊雷阵阵呼。压倒双龙何足异，嵌崎此景域中孤。"

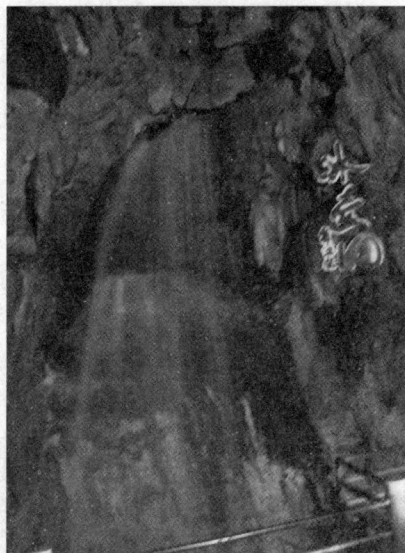
冰壶洞

从洞口至洞底，深达120余米，有石阶260多级。出双龙洞登上铁梯，约二三十步，即可听到洞中瀑布轰隆声，如巨雷回荡，就到了冰壶洞下瀑。再走上数十级石阶，则瀑声更大，突然见一瀑布悬空倾泻而下，从洞顶右侧石隙中飞喷而出，高达20多米，其势如万马奔腾。飞瀑落地，似飞珠溅玉，流星飞舞，俄而渗入洞底，无影无踪，令人惊叹不已。沿石阶曲折而上临近飞瀑，顿觉凉风阵阵，雾气蒙蒙。宋末元初学士金履祥有诗云："洞外烟云肤寸台，洞中冰雪互寻飞。壶中日月凭谁记，水自飞蒙云自归。"

抬头仰望，只见洞顶有一块巨大钟乳石，形如佛手，倒挂于飞瀑旁，为飞瀑增添气势。洞底有一根色泽晶莹的石笋破土而起，高达三四丈。洞底深处还有"雷峰塔"、"观音井"、"仙牛角"等奇观。

朝真洞

朝真洞又名真人洞，相传为黄大仙修炼得道处。洞高约10米，全长

250米，曲折深长，崎岖高旷，仿佛一个巨大石拱桥洞，洞口有诗人汪志洛手迹"三十六洞天"。该洞由主洞与两个小支洞组成。左侧支洞，口小肚大，形似横倾花瓶，故名"石花瓶"；右侧支洞，也肚大口小，但尾长，形似螺蛳，故名"螺蛳洞"。主洞内有"石棋盘"和"天池"，相传为当年仙人用水与弈棋之处。洞顶有一根罕见的

朝真洞

大石梁，长达数丈，上有无数千奇百怪的钟乳石，纵横交错，侧垂悬挂，极为壮观。

在梦幻般的"金华三洞"，少不了石钟乳和石笋的点缀。那么，这些精致美观的"玩意儿"是怎样形成的呢？

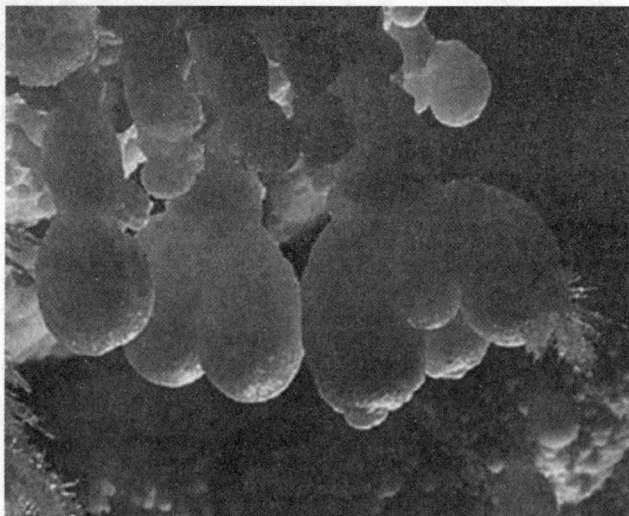

石钟乳

石钟乳、石笋都是由石灰质聚集而成的。岩洞中的石灰质溶解在水里，水中的石灰质一点一点地聚集起来，在洞顶逐渐形成冰锥状物体，这就叫石钟乳，也叫钟乳石（类似北方冬季屋檐下的冰柱）。洞顶的水滴落在地上，石灰质也逐渐聚集起来，越积越高，形成直立的笋状柱体，叫石笋。石笋常与石钟乳上下相对，日久天长，有些石钟乳与石笋连接起来，就成为石柱。石钟乳和石笋都有各种各样的形状。那些顶天立地的"灵芝柱"，就是石笋和石钟乳对接起来之后形成的。据说，石笋和石钟乳，每百年才长高 1 厘米。

本溪水洞

小快递

本溪水洞位于辽宁省本溪市，由水洞、温泉寺、汤沟、关门山、铁刹、庙后山 6 个景区组成，沿太子河呈带状分布，总面积 42.2 平方千米，在本溪市东北 35 千米处。大厅正面有 1000 多平方米的水面，有码头可同时停泊游船 40 艘，泛舟可游水洞。本溪水洞被赞誉为"钟乳奇峰景万千，轻舟碧水诗画间。钟秀只应仙界有，人间独此一洞天"。

全景照

本溪水洞是数百万年前形成的大型充水溶洞，位于距本溪市 26 千米的东部山区太子河畔，洞内分水、旱二洞。本溪水洞洞口坐南面北，洞口高 16 米，宽 25 米，呈半月形，上端刻有薄一波手书"本溪水洞"四个大字。进洞口是一座高、宽各 20 多米，气势磅礴，可容纳千人的"迎客厅"。大厅向右，有旱洞长 300 米，洞穴高低错落，洞中有洞。

水洞

在通往水洞的码头，可见千余平方米的水面，宛如一座幽静别致的"港湾"，灯光所及，水中游船、洞中石景倒映其中，使人如入仙境。从护岸石阶拾级而下，通过长廊从码头上船，即可畅游水洞。水洞全长 5800

米,现已开发 2800 米,面积 3.6 万平方米,空间 40 余万立方米,最开阔处高 38 米,宽 70 米。泛舟则可畅游水洞,欣赏水洞之大、水洞之长、水洞之深、飞瀑之美,然后,你不得不感叹大自然的鬼斧神工。

水洞

洞内空气通畅,水流终年不竭,每昼夜流量 1.4 万吨,平均水深 1.5 米,最深处 7 米,洞内恒温 12℃。河道曲折蜿蜒,河水清澈见底,洞内分"三峡"、"七宫"、"九弯",故名"九曲银河"。水域沿洞体展开,纵深达 2.3 千米,而且时阔时狭,迂回曲折。洞内钟乳石、石笋与石柱多从裂隙攒拥而出,不加雕饰即形成各种物象。从码头乘游艇向里行,可依次欣赏飞泉迎客、宝瓶口、海潮、宝莲灯、群猴、福寿星、玉米塔、宝鼎、仙丹石、龙角岩、剑群、麒麟岩、瀑布、独角犀、春笋、垂幕、三塔、斜塔、玉象、倚天长剑、孔雀岩、雪山等奇景。它们惟妙惟肖,形象逼真。特别是玉米塔、玉象和雪山三景,更是名副其实,几可乱真。河两岸钟乳林立,石笋如画,千姿百态,光怪陆离,钟乳高悬,晶莹斑斓,妙趣盎然。沿河景点达 100 余处,千姿百态,各具特色,泛舟其中,如临仙境。这是水与石浑然天成的神秘洞穴,是迄今世界上已发现的最长的可乘船游览的地下暗河。

旱洞

旱洞长 300 米,洞穴高低错落,洞中有洞,曲折迷离,各有洞天。洞顶和岩壁钟乳石多沿裂隙成群发育，呈现各式物象，不加修凿，自然成趣，宛若龙宫仙境。古井、龙潭、百步池等诸多景观，令游人遐想联翩，流连忘返。左侧为一处"港湾"，灯光所及，洞中物象，一一倒悬水中。洞尽头是一泓清潭，深不见底，水气袭来，令人不禁打寒战。现利用旱洞独特的资源，经人工改造成为古生物宫，采用先进的声、光、电技术，再现了古生物的进化演变过程，是游览和科普教育的最佳景观。

解密匙

在幽深曲折的洞穴里，会有生命在这里长期驻扎吗？如果有，它们会是什么样的生命？

一般生活在洞穴中的动物可分三种：

一是真洞穴动物。这种动物只能在洞穴中生活，离开洞穴环境，在洞外就失去了生存的能力。具有代表性的此类动物有：盲鱼、盲鳅、蜘蛛和蚰蜒等。这类动物的眼睛明显退化或消失，有特殊的感应器官，缺乏色素，代谢较低，生长缓慢，繁殖能力差而寿命很长。

洞穴中的蝙蝠

二是洞穴动物。这类动物的眼睛和体色发生了不同程度的变异，基本上能适应洞穴生活和繁衍后代。

三是拟洞穴动物。这类动物具有喜洞性，是一些暂居及季节性回洞内生活的动物。目前在洞中发现的洞穴动物主要有：蝙蝠、班灶马、马陆、蛾等。这些动物多是从洞外迁入暂居的,或是在洞内已经适应了洞穴生活。在地下河中常见的有鱼(白漂鱼)、虾和河蚌等。从动物的眼睛和体色等器官有没有明显变化可以看出,哪些是受生活环境影响而未达到遗传变异的拟洞穴动物。

北京石花洞

小快递

石花洞又称潜真洞、十佛洞(石佛洞),形成于 7000 万年前的造山运动。石花洞地处北京市房山区西山深处,目前已发现此洞有七层,层层相连,洞洞相通。其规模与景观大于桂林的芦笛岩与七星岩,洞内钟乳石千姿百态,美不胜收,为北国极为罕见的地下溶洞奇观。

全景照

石花洞洞体分为上下七层,目前仅对外开放一至四层,全长 2500 米。洞内的自然景观玲珑剔透、华彩多姿、类型繁多,地质奇观不胜枚举。四层洞壁被钟乳石等封闭,五层厅堂高大、洞壁松软,并且空气新鲜,七层则是一条地下暗河。

石花洞

石花洞内有滴水、流水和停滞水沉积而成的高大洁白的石笋、石竹、石钟乳、石幔、石瀑布、边槽、石坝、石梯田等，有渗透水、飞溅水、毛细水沉积形成的众多石花、石枝、卷曲石、晶花、石毛、石菊、石珍珠、石葡萄等，还有许多自然形成的造型，如海龟护宝等，并有晶莹的鹅管、珍珠宝塔、采光壁等。众多的五彩石和美丽的石盾为中国洞穴沉积物的典型。

石花洞现已形成 20 大景区、150 多个主要景观，各个景区遥相呼应，互为映衬。"瑶池石莲"已有 32000 余年的历史；"龙宫竖琴"堪称国内洞穴第一幔；"银旗幔卷"、"洞天三柱"等十二大洞穴奇观无不令人赞叹叫绝。石花洞的洞口开设了"世界洞穴奇观展"，共展出世界著名洞穴景观照片上百幅；在洞外还有"野生动物展"、"奇石展"等。

石花洞美景

岩溶洞穴资源以独特的典型性、多样性、自然性、完整性和稀有性享誉国内外。丰富的地质资源，显示了石花洞在地质科学研究、地质科普教学和旅游观赏中的价值。石花洞中洞穴沉积物记录了地球的演化历程和沉积环境的变化，是一处研究古地质环境变化的重要信息库。国际地质科学联合会国际行星地球年项目负责人汉克·沙克尔考察后评价道："参观中国第一地质公园石花洞其乐无穷，石花洞是人们进行地学教育的良好范例。"

美丽的石花洞"根植"在祖国的心脏——繁华的北京,它是怎样形成的呢?是不是也经历了无数"艰难险阻"呢?

大约在4亿年前,北京地区曾是一片汪洋大海,海底沉积了大量的碳酸盐类物质。由于地壳运动,几经沧桑变迁,海底抬升为陆地。大约在7000万年前,华北发生了造山运动,北京西山就此形成。而后碳酸盐逐渐被溶蚀成许多岩溶洞穴,石花洞就是其中之一。石花洞发育于奥陶系马家沟组石灰岩中,随着地壳运动的多次抬升以及相对稳定的运动过程,使之发育为多层多支溶洞。

明朝正统十一年(1446年)四月,圆广和尚云游时发现石花洞,命名"潜真洞",并在洞口对面的石崖上镌刻"地藏十王"像。明景泰七年(1456年),圆广和尚又命石匠雕刻"地藏王菩萨"佛像,安坐第一洞室,故石花洞又称为"十佛洞"(石佛洞)。因洞内石花集锦,千姿百态,玲珑剔透,在石花洞开发期间被北京市政府定名为"北京石花洞"。

地藏王菩萨

石海洞乡

🌸 **小 快 递**

石海洞乡位于四川省南部兴文县,因该县石林、溶洞遍及 17 个乡,故有"石海洞乡"之誉。石海洞乡是我国喀斯特地貌发育最完善的地区之一,地面怪石林立,如云南路南石林;地下溶洞纵横,似桂林芦笛迷宫。天下奇观集于一地,上下相映,与竹海、恐龙博物馆、悬棺并列为"川南四绝"。景区由天泉洞中心景区、九丝山景区、大坝鲵源景区、周家沟溶洞景区组成。地上、地下均由石灰岩构成,分为石林、石海、溶洞三个部分。这里仅介绍部分溶洞。

🌸 **全 景 照**

天泉洞

天泉洞是兴文石海洞穴群中一个著名的溶洞,形成地质年代距今约 300 万年。其空间规模和游览长度均居世界洞穴之首。天泉洞上下共分为四层。

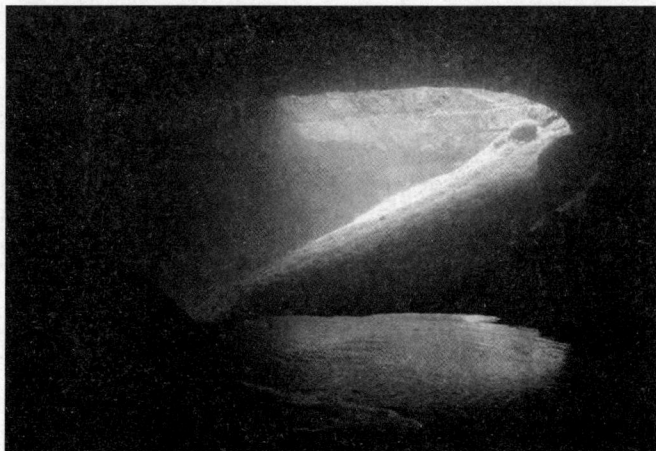

天泉洞

天泉洞规模宏大，为多层长廊和厅状地下岩溶洞穴，洞道总长近5000米，总面积81000多平方米，总体积270万立方米，有大小支穴近百个，现已开放第3、第4层。共7个大厅，分别为"穹庐广厦"、"天泉明宫"、"泻玉流光"、"云步通幽"、"石花奇观"、"长廊石秀"、"石林仙姿"。"泻玉流光"顶部有个奇特的"天窗"，泉水从"天窗"飞泻而下，如银链高挂，宏伟壮观，天泉洞正是因此而得名。天泉洞洞道非常宽大，许多地方竟然可以容纳卡车通行。特别是其中的"穹庐广厦"，洞厅高达80余米，宽100余米，上下平整，可以容纳近万人观览休息。"泻玉流光"厅高大宽敞，面积和洞口大厅相仿。厅内两山对峙，一水中流，小桥横卧。大厅右面屋顶，有一个天窗，强光射入，映照飞泉，宛如晶莹的珍珠。长廊长达340米，两边钟乳石林立，似马、牛、羊、鹿的兽乐图，惟妙惟肖。最底层的阴河河水清澈，鱼儿漫游，有发出微微磷光的亮虾；有珍稀的玻璃鱼，小巧玲珑，状若一个放大几倍的蝌蚪，颜色粉红，浑身透明，难得一见。现已开放的主洞长约3000米，面积逾8万平方米。厅厅千奇百怪，洞洞万象异姿；洞廊高大宽敞，气势恢弘；水洞流水潺潺，舟舸摇荡；洞湖碧水映天，漪纹涟涟；天泉飞流直下，银珠飞溅；栈道顺岩横挂，绝壁凌空。石花、石乳、石笋、石柱、石幔、石瀑布、石梯田等洞内沉积物种类繁多，或卷或翘，或立或吊，千态万状。似仙阙楼台，若瑶池胜景，如海市蜃楼，使人目不暇接，疑入梦境。悠久的历史积淀了古朴浓郁的地方文化，厚重的喀斯特内涵和底蕴使这一神奇的洞府大放异彩。

小鱼洞

小鱼洞位于大坝鲵源景区。源于云南的伏流，呈东北方向排泄，上段发育于断裂带上，下段呈纵向，总长5600米。主要补给源为大气降水。1979年2月10日实测出口流量为639.98升/秒，水清莹洁净。从小鱼洞涌出的泉水，冬暖夏凉，温差不大。在寒冬季节，涌出的泉水蒸气弥漫鲵源；炎炎盛夏，泉水冰凉浸骨。往昔，这里鲵鱼甚多，到了河边，只听河里鲵鱼跳得水响,用火把一照,一河到处都是鲵鱼,大者有一米多长,约重五六十斤,背上长着如星的白斑点。大鲵白天藏在石缝里,晚上出来觅食。大鲵的爪子形似小孩手指,并能发出婴儿似的啼鸣,当地人因此称之为"娃娃鱼"。小鱼洞沿河茂林修竹,郁郁葱葱,弯曲的河里,长着嫩绿茂密的水藻,铺覆河底,鱼儿在水里自由地游弋,凡此种种,把小鱼洞装点得越发迷人,令人流连忘返。

朝阳洞

朝阳洞位于大坝鲵源景区北侧约 1000 米,为喀斯特岩溶溶洞,结构分为三层。地面一层,洞宽 18 米,高 30 米,深 100 米。石笋、石钟乳形似垂莲、龙头、玉笋、蘑菇,千姿百态,美不胜收。暗洞为第二层,洞长 800米,曲径幽深、蜿蜒起伏,有 12 个洞厅,30 多个景点,成一条龙的形状分布。洞内石钟乳、石柱、石笋等保存完好,形态奇丽,似人、似物,自成一景,在灯光的作用下,景观越发精致、迷人。洞内的精华景观,有"金龟戏鲤鱼"、"三丰书画室"、"天然林园"、"聚仙厅"、"三丰酒窖"、"金银牌坊"、"万亩良田"、"仙女沐浴"、"灵芝塔"、"巨手山"、"金龙抱柱"等。洞的底层是阴河,在二层洞内位置较低的地方,丰水期有浅水溢出,洞内大小塘水时涨时消。

神龙洞

神龙洞位于周家溶洞景区,原名穿山洞。主洞结构简单,在发育过程中,两岔河干,侵蚀强烈,切穿洞壁,将主洞分为上、下两段。穿山洞口以西为上段,长 220 米,由两个廊道夹一个厅堂构成。前廊道长约 80 米,宽数米,高 2~4 米,底板向东南倾斜,石柱罗列两侧;后廊道变化较大,长约85 米;两廊道间为 2500 平方米左右的宽洞大厅,高 20 余米。洞口以东为下段,总长约 180 米,宽度较大,在 12~15 米间,洞高 3~10 米不等,其末端有一个洞口直通两岔河谷。神龙洞除主洞进口外,另有数个洞口和天窗与地表相通,此为该洞特点之一。另一特点则是洞中化学沉积物极

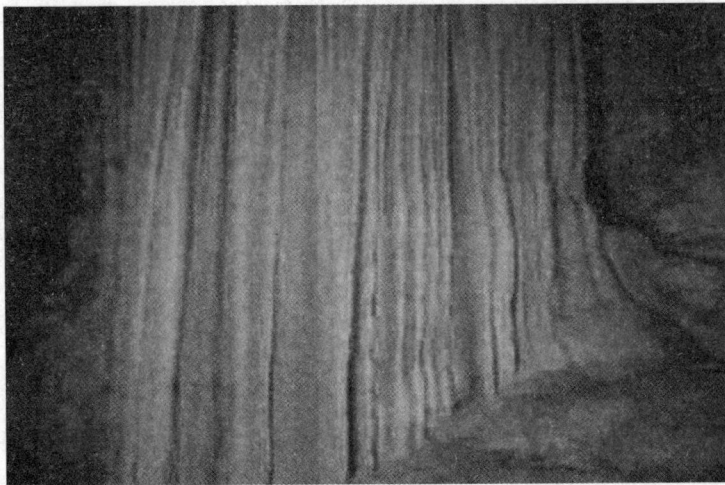

神龙洞

为发育,尤其是上段,石柱、石钟乳、石帘等随处皆是,上段大厅内高20余米,10余人合围的巨大石笋,雄伟壮观;后廊道进入厅堂之口部,石帘将各石柱相连,洞道被遮掩大半;另有形色美丽的石花,造型逼真的"玉米堆"等均装点着整个洞道。此外,洞口西侧有一个长约 30 米的盲洞,其洞壁水母状石钟乳与石帘十分典型而又绚丽壮观,为教学、旅游最佳景点之一。洞内景观,可与神话中的东海龙宫媲美。

解密匙

　　石海洞乡的景色使人目不暇接,处处引人入胜。石海洞乡是我国喀斯特地貌发育最完善的地区之一,那么,喀斯特地貌是如何形成的呢?溶洞的形成又与这种地貌有什么关系呢?

　　喀斯特地貌是具有溶蚀力的水对可溶性岩石进行溶蚀等作用所形成的地表和地下形态的总称,又称岩溶地貌。除溶蚀作用以外,还包括流水的冲蚀、潜蚀以及塌陷等机械侵蚀过程。这种作用及其产生的现象统称为喀斯特。喀斯特一词源自前南斯拉夫西北部伊斯特拉半岛碳酸盐岩高原的名称,当地称为"Kras",意为岩石裸露的地方,"喀斯特地貌"

喀斯特地貌

因近代喀斯特研究发轫于该地而得名。喀斯特地貌分布在世界各地的可溶性岩石地区。

　　溶洞则是石灰岩地区地下水长期溶蚀的结果。石灰岩的主要成分是碳酸钙,在有水和二氧化碳时发生化学反应生成碳酸氢钙,后者可溶于水,于是有空洞形成并逐步扩大。这种现象在南欧亚德利亚海岸的喀斯特高原上最为典型,所以常把石灰岩地区的这种地形笼统地称之为喀斯特地貌。

第四章　襟江带湖

艾丁湖

中国最低的湖泊——月色美人艾丁湖,维吾尔语意为"月光湖"。在新疆维吾尔自治区吐鲁番盆地南部,是一个盐湖。湖面海拔－154米,是我国海拔最低的湖泊,是全国最低的洼地,也是世界上主要洼地之一。由于湖水不断蒸发,大部分湖面已变为深厚的盐层。艾丁湖又名觉洛浣,以湖水似月光般皎洁美丽而得名。

全景照

艾丁湖

艾湖湖盆东西长约 40 千米,南北最宽 8 千米,面积 124 平方千米,平均水深不到 0.8 米,水位变化很大,体积很难测定。湖水主要由火焰山的泉水、坎儿井水以及地下水形式补给,地表径流主要来自白杨河经托克逊灌区后的余水。因此在冬季,灌溉需水量不多、蒸发量减小时,入湖水量增加,水位升高。夏季灌区用水量多,入湖水量减少。湖水水位年最大变幅在 45 厘米左右。由于蒸发强烈,夏季湖水矿化度高达 210 克/升。目前湖的北部已逐渐干涸,湖盆残留大片盐壳。随着河流上游兴建水库,农田冬灌普遍推广,湖水补给来源将日趋减少。

艾丁湖位于世界最酷热干燥的地区之一,年降水量不到 20 毫米,蒸发量大于降水量的几千倍,年平均气温 14℃,极端高温达 48℃,地表温度超过 80℃。

2011 年 7 月 14 日,艾丁湖区域自动气象站最高气温达 50.2℃,这是中国大陆首次观测的气温超过 50℃的记录,成为全国最热的地方。

艾丁湖是国内著名的观光地之一。夏季极少见到水禽,1986 年春见到红骨顶、白骨顶、草鹬、黑翅长脚鹬等,往返于西伯利亚的迁徙水禽大多在此过境。干旱之年泥沼常常成为鸭类的陷阱和葬身之地。

艾丁湖由三部分组成,周围一圈是湖积平原,宽约 0.5~1 千米,这一圈含有大量盐类,由于强烈的蒸发,地表形成坚硬的盐地。中间一圈是盐沼泽,下面是淤泥。湖心是晶莹洁白的盐晶。艾丁湖蕴藏着丰富的盐和芒硝,储量约三亿吨以上,是取之不尽的化工原料基地。

解密匙

中国最低湖泊——美丽的艾丁湖,缘何吸引着无数游客前来观赏呢?它又是形成于什么时候呢?

远在千万年以前,艾丁湖还是一个面积比现在的湖水面积大 1000 倍的淡水湖泊。而今日的艾丁湖,除西南部还残存很浅的湖水外,大部分是皱褶如波的干涸湖底,触目皆是银白晶莹的盐结晶体和盐壳,在阳光映照下,闪闪发光。当地维吾尔人称之为"月光湖"。在艾丁湖边,人们很容易被海市蜃楼和湖面干涸的假象迷惑,因而往往陷入泥淖。这里四周望不见游鱼飞鸟,唯有不时掠过的成群小飞虫和偶尔在脚下窜过的野兔、小鼠。由于这种特殊的地理状况和典型的荒漠景观,中外游客到此游览、摄影、探奇者甚多。

艾丁湖

艾丁湖是 2.49 亿年前喜马拉雅山造山运动的产物。

青海湖

小快递

青海湖又名"库库淖尔",即蒙语"青色的海"之意。它位于青海省东北部的青海湖盆地内,既是中国最大的内陆湖泊,也是中国最大的咸水湖。由祁连山的大通山、日月山与青海南山之间的断层陷落形成。

全景照

青海湖地处青藏高原的东北部,这里地域辽阔,草原广袤,河流众多,水草丰美,环境幽静。湖的四周被四座巍巍高山所环抱:北面是崇高壮丽的大通山,东面是巍峨雄伟的日月山,南面是逶迤绵绵的青海南山,西面是峥嵘嵯峨的橡皮山。这四座大山海拔都在 3600～5000 米之间。举目环顾,犹如四座高高的天然屏障,将青海湖紧紧环抱其中。从山下到湖畔,则是广袤平坦、苍茫无际的千里草原,而烟波浩渺、碧波连天的青海湖,就像是一盏巨大的翡翠玉盘平嵌在高山、草原之间,构成了一幅山、湖、草原相映成趣的壮美风光和绮丽景色。

青海湖

　　青海湖在不同的季节里,景色迥然不同。夏秋季节,当四周巍巍的群山和西岸辽阔的草原披上绿装的时候,青海湖畔山清水秀,天高气爽,景色十分绮丽。辽阔起伏的千里草原就像是铺上一层厚厚的绿色的绒毯,那五彩缤纷的野花,把绿色的绒毯点缀得如锦似缎,数不尽的牛羊和膘肥体壮的骏马犹如五彩斑斓的珍珠洒满草原;湖畔大片整齐如画的农田麦浪翻滚,菜花泛金,芳香四溢;那碧波万顷、水天一色的青海湖,好似一泓玻璃琼浆在轻轻荡漾。而寒冷的冬季,当寒流到来的时候,四周群山和草原变得一片枯黄,有时还要披上一层厚厚的银装。每年 11 月份,青海湖便开始结冰,浩瀚碧澄的湖面,冰封玉砌,银装素裹,就像一面巨大的宝镜,在阳光下熠熠闪亮,终日放射着夺目的光辉。

青海湖以盛产湟鱼而闻名,鱼类资源十分丰富。每到冬季,青海湖冰封后,人们在冰面钻孔捕鱼,水下的鱼儿,在阳光或灯光的诱惑下便自动跳出冰孔,捕而烹食,味道鲜美。

青海湟鱼

青海湖中的海心山和鸟岛都是游览胜地。海心山又称龙驹岛,面积约1平方千米。岛上岩石嶙峋,景色旖旎,自古以产龙驹而闻名。鸟岛位于青海湖西部,在流注湖内的第一大河布哈河附近,虽然面积只有0.5平方千米,但春夏季节这里却栖息着10万多只候鸟。

青海湖是一个富有神奇色彩的游览地,也是一个为全世界科学家所注目的巨大宝湖。我国政府曾对青海湖进行了多次综合考察,发现青海湖里有丰富的矿产资源。湖中又盛产湟鱼,是我国西北地区最大的天然鱼库。四五月间,鱼群游向附近河流产卵,布哈河口密密麻麻的鱼群铺盖水面,使湖水呈现黄色,鱼儿游动有声,翻腾跳跃,异常壮观。

解密匙

充满着神奇色彩的青海湖令许多人心驰神往,那么这美丽湖泊的地质构造是如何形成的呢?

青海湖的构造为断陷湖,湖盆边缘多因断裂与周围的山相接。距今20万~200万年前的成湖初期,青海湖还是一个大淡水湖泊,与黄河水

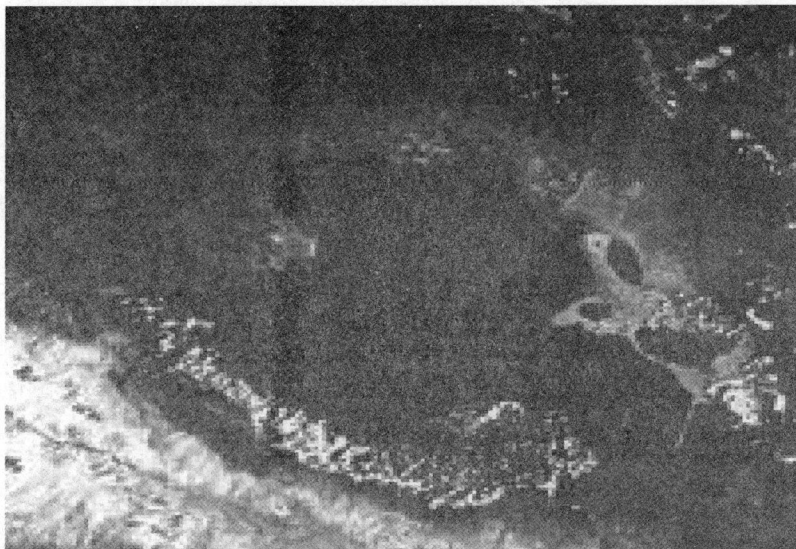
卫星拍摄下的青海湖

系相通,那时气候温和多雨,湖水通过东南部的倒淌河泄入黄河,是一个外流湖。至13万年前,由于新构造运动,周围山地强烈隆起,从上新世末期开始,湖东部的日月山、野牛山迅速上升隆起,使原来注入黄河的倒淌河被堵塞,迫使它由东向西流入青海湖,出现了尕海,后又分离出海晏湖、沙岛湖等子湖。由于外泄通道堵塞,青海湖遂演变成了闭塞湖。加上气候变干,青海湖也由淡水湖逐渐变成咸水湖。

唐代时青海湖的周长为400千米,清乾隆时减为350千米。目前青海湖呈椭圆形,周长300余千米。1908年俄国人柯兹洛夫推测当时湖面水位是3205米,湖面积为4800平方千米;20世纪50年代的测绘资料显示,青海湖湖水面积为4568平方千米;70年代出版的地形图量得湖水水位在3195米左右。湖面面积为4473平方千米;1988年水位为3193.59米,湖面积为4282平方千米。现湖水容积739亿立方米,最长约104千米,最宽约62千米,最大水深31.4米,湖水平均矿化度12.32克/升,含盐量1.25%。

沙　湖

　　沙湖是中国十大魅力休闲旅游湖泊之一。沙湖旅游区在距宁夏回族自治区银川市西北 56 千米平罗县境内的西大滩。

　　美丽的沙湖，湖水如海，柔沙似绸，天水一色，苇丛若画，犹如一颗璀璨的明珠，镶嵌在美丽富饶的宁夏平原上。沙湖总面积 80 多平方千米，湖泊面积 45 平方千米，沙漠面积 22.52 平方千米。

　　沙湖以自然景观为主体，是一处融江南水乡与大漠风光为一体的生态旅游景区。"金沙、碧水、翠苇、飞鸟、游鱼、远山、彩荷"几大景观有机结合，构成独具特色的秀丽景观。沙湖生态旅游区地处内陆，属典型的大陆性气候，位于中湿带。沙湖独特秀美的自然景观和得天独厚的旅游资源，是西部丝绸之路上埋藏的宝藏，静静地等待人们的发掘。

沙湖

沙湖之沙

位于沙湖南端一望无际的沙漠给人以豪放、博大的感觉,训练有素的"沙漠之舟"——骆驼载人进入大漠深处,阵阵悠扬的驼铃声清脆地在空中回荡,使人心神荡漾,如醉如痴。在这里,可以领略大自然的神奇,寻找前所未有的刺激和新奇。

沙湖之水

雾海云天,月色空明水亦悠,镜湖碧水充满着盎然绿色,山绿水绿,构成一幅绿色的水彩画,在这里游泳、荡舟都会时时感到清新舒畅,心旷神怡。

沙湖东北面,芦苇成片成丛,游艇在幽深的芦苇中穿行,如同在迷宫中探险,不时惊起一串鸥鹭,令人兴趣盎然。

沙湖之山

沙湖西眺,巍巍贺兰山山峰高耸,重峦叠嶂,山上山下温差大,在初秋即有雪,大雪覆盖山顶,日照不融,山上阳光明媚,山下常如披絮,形成"贺兰晴雪",为宁夏古代八景之一。

沙湖之鸟

沙湖是鸟的天堂,这里水产丰富,无污染,位于湖中心的"百鸟乐园",又称"观鸟台",是候鸟繁衍、栖息的理想之地,在此可观赏到天鹅、大鸨、中华沙秋鸭、海鸥、白鹤、灰鹤等,百万只鸟在这里流连,成为沙湖景色一绝。

提起沙湖,人们感叹最多的是它沙水相依的奇观,沙与水原本该是势不相容的,但在这里,一切都浑然天成。沙围着水,水环着沙,它们如此平和地依偎在一起,仿佛是相守走过千百年的恋人,没有波澜壮阔的激情,一切只在默默无言的守护中。然而,如果只是这样的风情,沙湖大概也不会使众多游者流连忘返,沙水相依终究只是它沉寂的外在,却缺少了一份生气。而正是沙湖种类繁多的飞鸟和游鱼为这里带来了生命的灵性。

美丽的沙湖

当青海湖的鸟岛还沉寂在寒冷之中，暖冬气候已经让几近4月的沙湖透出了春的气息，芦苇已经开始发绿了，鸟儿开始鸣叫了。在丛丛簇簇绿苇的包围之中，有一大片早已枯黄但长得极高的芦苇丛格外引人注目，那就是沙湖的鸟岛。

沙湖鸟岛总面积4247公顷，在鸟岛内栖息着多种鸟类。其中，国家一级保护鸟类有大鸨、中华沙秋鸭、白尾海雕和黑鹳。国家二级保护鸟类有大天鹅、白额雁、鸳鸯、灰鹤、苍鹭等14种。沙湖茂密的芦苇丛成为它们良好的天然栖息地和繁衍地。

鸟岛上的鸟类以鹭科鸟类为主，有苍鹭、草鹭、夜鹭、白鹭等7种，丰富的鱼类、浮游生物和水草是它们的主食。鹭科鸟类喜欢分区筑巢，各有各的领地，互不侵犯。它们形体优美，被誉为"风姿迷人的鸟类"。鹭科鸟类也被称为"世界环保鸟"，因为它们对环境比较挑剔，稍不满意，便弃之而去。如此挑剔的鸟多年来钟情于沙湖，证明了沙湖生态环境的良好。

每年的4～6月的孵化期，或9～11月的繁衍期，是沙湖观鸟的最佳时间，这期间鸟类数量最多时可达百万。来到观鸟园，用望远镜在一眼望不到边的湿地里搜索,你能把躲在草丛中叫不上名字的鸟儿悠闲嬉戏的情景尽收眼底。

鹭鸟在芦苇丛中嬉戏

鱼和鸟是沙湖生物链上两个不可分割的环节。小鱼是鸟儿的美食,鸟粪又是良好的鱼饵,肥美的水草和丰富的浮游生物又是鱼、鸟共同的食物。沙湖湖水里常年生长着数十种鱼类,不仅有鲤、鲢、鳜、鲫,而且有北方罕见的武昌鱼、娃娃鱼(大鲵)和体围1米多的大鳖。在湖南岸的水族馆里,甚至还可以看到几十种珍稀鱼类。

五大连池

小快递

五大连池位于黑龙江省的中北部,地处小兴安岭山地向松嫩平原的转换地带。五大连池是第四纪火山活动给人类留下的一片珍贵遗产,这里山秀、水幽、泉奇、石怪、洞异,是集生态旅游、休闲度假、科学考察为一体的高含量、多功能、综合型国际旅游胜地,不仅在生态科学和地理物理发展史方面对人类有着重大意义,而且在自然美学和环境医学方面更具有独特的观赏和实用价值。

五大连池是火山喷发出来的熔岩流阻塞河道后形成的火山堰塞湖。

五大连池景观

按照1980年版《辞海》缩印本第34页的"五大连池"条目解释："在黑龙江省德都县西北部,为清康熙五十八年至六十年(1719～1721)火山喷发时玄武岩流阻塞纳谟尔河支流白河所形成的堰塞湖。自南向北分为头池、二池、三池、四池、五池,衔接如串珠状,故名。"

地球在长达46亿年的复杂演化过程中,为人类提供了优美的自然环境和丰富的物质资源。

在五大连池1060平方千米的景区内矗立着14座新老期火山,喷发年代跳跃很大,是世界顶级资源。这里拥有世界上保存最完整、分布最集中、品类最齐全、状貌最典型的新老期火山地质地貌。14座拔地而起的火山堆,山川辉映,景色优美;石龙、石海、熔岩瀑布、熔岩暗道、熔岩钟乳、熔岩旋涡、象鼻状熔岩、翻花熔岩、喷气锥碟、火山砾和火山弹等微地貌景观,千姿百态,被科学家称之为"天然火山博物馆"和"打开的火山教科书"。五个相连的如串珠般的湖泊,是最新期火山岩浆填塞了浩瀚的远古凹陷盆地湖乌德林池而形成,五大连池也因此而得名。它是我国第二大火山堰塞湖,池岸曲线变化复杂,有收有放,景观极佳。这里的矿泉,是蜚声中外的世界名泉,享有"神泉"、"圣水"的美誉,和法国的维希矿泉、俄罗斯北高加索矿泉并称为"世界三大冷泉",在民间已有上千年的医用、饮疗和洗疗历史,对康复疗养和人类的健康长寿具有神奇的功效。

五大连池药泉

　　五大连池有八大奇观:雄峻陡峭的山巅火口;波澜壮阔的翻花石海;造型奇绝的喷气锥碟;霜花似玉的熔岩冰洞;碧水一泓的天池胜景;云雾蒸腾的石龙温泊;鬼斧神工的龙门石寨;景色如画的群山倒影。

　　这里的四奇、四怪神秘而奇特,四奇是:水往西边走,车往上坡跑,三伏赏冰雪,数九长绿草;四怪是:喝水能治病,洗泉把疾消,熔岩赛火炕,石头水上漂。

　　得天独厚的地质资源为五大连池创造了举世罕见的六大自然环境:这里有世界上最纯净的天然氧吧;有世界上品位最高的具有医疗保健作用的磁化矿化电荷离子水;有集保健、美容、医疗于一体的矿泉洗疗、泥疗区;有天然的火山熔岩台地——太阳热能理疗场;有功能最齐全、规模最大的火山地质全磁环境;有不受任何污染的纯绿色矿泉系列健康食品。由此形成了世界上综合条件最完善的自然环境理疗基地。神奇的火山环境还孕育着神奇的火山民俗文化,药王济世、秃尾巴老李大战小白龙的故事流传于大江南北。游中华胜地,饮天下名泉,观绝世奇景,听神话传说,真是"走遍千山万水,风景这边独好"。

五大连池火山

美丽、神奇的五大连池以其独特的火山风光著称于世,以矿泉神水闻名天下。这颗北国明珠,无论春夏秋冬都魅力无穷,让人迷醉。

解密匙

你知道什么是熔岩堰塞湖吗?五大连池就属于熔岩堰塞湖。

堰塞湖是由火山熔岩流、冰碛物或由地震活动引起的山体岩石崩塌,从而堵截山谷、河谷或河床贮水而形成的湖泊。由火山熔岩流堵截而形成的湖泊又称为熔岩堰塞湖。

我国东北的五大连池旧称乌得邻池,在五大连池市郊,地处纳诺尔河支流——白河上游,北距小兴安岭仅 30 千米。

五大连池火山群的火山活动始于侏罗纪末至白垩纪初。据史料记载,最近的一次火山喷发,始于清康熙五十八年(1719 年),而清朝《黑龙江外记》的记载则更详细:"墨尔根东南,一日地中忽出火,石块飞腾,声震四野,越数日火熄,其地遂成池沼,此康熙五十八年事。"这次火山喷发,堵塞了白河,迫其河床东移,河流受阻,形成由石龙河贯穿成念珠状的 5 个湖泊。

察尔汗盐湖

　　察尔汗盐湖,是我国青海省西部的一个盐湖,位于柴达木盆地南部,地跨格尔木市和都兰县,由达布逊湖以及南霍布逊、北霍布逊、涩聂等盐池汇聚而成,格尔木河、柴达木河等多条内流河注入该湖。由于水分不断蒸发,盐湖上形成坚硬的盐盖,青藏铁路和青藏公路直接修建于盐盖之上。察尔汗盐湖蕴藏有丰富的氯化钠、氯化钾、氯化镁等无机盐,为中国矿业基地之一。

　　察尔汗盐湖,是中国最大的盐湖,也是世界上最著名的内陆盐湖之一,青藏铁路穿行而过。盐湖东西长160多千米,南北宽20~40千米,盐层厚约为2~20米,面积5856平方千米,海拔2670米。湖中储藏着大量的氯化钠等无机盐。湖中还出产闻名于世的光卤石,晶莹透亮,十分可爱。伴生着镁、锂、硼、碘等多种矿产,资源极为丰富。

察尔汗盐湖

踞于巍巍昆仑山和祁连山之间的柴达木盆地，以青藏高原"聚宝盆"之誉蜚声海内外，而柴达木盆地的心脏则是赫赫有名的察尔汗。察尔汗盐湖是世界上最大的天然盐湖之一。它富足得令人惊讶的盐矿资源和长达 32 千米的奇异"万丈盐桥"风光，使它的名字更加响亮。

"察尔汗"是蒙古语，意为"盐泽"。盐湖地处戈壁瀚海，这里气候炎热干燥，日照时间长，水分蒸发量远远高于降水量。因长期风吹日晒，湖内便形成了高浓度的卤水，逐渐结晶成了盐粒，湖面板结成了厚厚的盐盖，异常坚硬。令人难以置信的是盐湖上还有一座浮在卤水上的"万丈盐桥"。

万丈盐桥是格尔木至敦煌的一段从达布逊湖上穿过的公路，是厚达 15～18 米的盐盖构成的天然盐桥，全长 32 千米，折合市制可达万丈，因此人们称其为"万丈盐桥"。"桥"上路面光滑平坦，山色湖光相映，景致很美，堪称"举世无双"。玉带似的盐桥（路），旁无护栏，下无桥墩，更无流水。整个路面平滑光洁，坦荡笔直。盐桥（路）将盐湖从中间劈成两半，使人惊叹不已，不得不折服于大自然的鬼斧神工。

察尔汗盐湖周围地势平坦，荒漠无边，但风景奇特。整个湖面好像是一片刚刚耕耘过的沃土，又像是鱼鳞，一层一层，一浪一浪。遗憾的是土地上无绿草，湖水中无游鱼，天空上无飞鸟，一片寂静。

一切绿色植物在察尔汗盐湖均难以生长，但却孕育了晶莹如玉、变化万千的神奇盐花。盐花是指盐湖中盐结晶时形成的美丽形状的结晶体。卤水在结晶过程中由于浓度不同、时间长短不一、成分差异等，形成了形态各异的盐花。这里的盐花或形如珍珠、珊瑚，或状若亭台楼阁，或像飞禽走兽，一丛丛、一片片、一簇簇地立于盐湖中，把盐湖装点得美若仙境。每年前来观看盐花奇观的国内外旅游者多达数万人。

我们惊叹于大自然的鬼斧神工,向往那一片盐的世界,纯净优美,仿佛天堂般的圣地,那么察尔汗盐湖是怎样形成的呢?

察尔汉盐湖的盐矿

察尔汗盐湖位于柴达木盆地最低洼和最核心的地带。几亿年前,柴达木这里曾是万顷汪洋大海,由于青藏陆地隆起导致海陆变迁,柴达木变成了盆地。柴达木有很多大大小小的湖泊,其中察尔汗盐湖最大最有名。李时珍的《本草纲目》中就有过关于察尔汗的记载,说察尔汗物产丰富,当时所用"青盐"即源自此地。

第五章 一泻千里

黄果树瀑布

黄果树瀑布,位于贵州省安顺市镇宁布依族苗族自治县,是珠江水系打邦河的支流白水河九级瀑布群中规模最大的一级瀑布,因当地一种常见的植物"黄果树"而得名。黄果树瀑布属喀斯特地貌中的典型瀑布。黄果树瀑布不只有一个瀑布,以它为核心,在它的上游和下游 20 千米的河段上,共形成了雄、奇、险、秀风格各异的瀑布 18 个。1999 年被大世界吉尼斯总部评为世界上最大的瀑布群,列入世界吉尼斯纪录。

黄果树瀑布名闻世界,周围岩溶广布,河宽水急,山峦叠起,气势雄伟。这一地区历来是连接云南、贵州两省的主要通道。白水河流经当地时河床断落成九级瀑布,黄果树为其中最大一级。黄果树瀑布以水势浩大

黄果树瀑布

著称,也是世界著名的大瀑布之一。瀑布对面建有观瀑亭,游人可在亭中观赏汹涌澎湃的河水奔腾直入犀牛潭。腾起水珠高90多米,在附近形成水帘,盛夏到此,暑气全消。瀑布后绝壁上凹成一洞,称"水帘洞",洞深20多米,洞口常年为瀑布所遮,可在洞内窗口窥见天然水帘之胜境。

水帘洞

黄果树瀑布以其雄奇壮阔的大瀑布、连环密布的瀑布群而闻名于海内外,十分壮丽。它享有"中华第一瀑"之盛誉,是除尼亚加拉瀑布和维多利亚瀑布之外的世界第三大瀑布。

那么黄果树瀑布有多大呢?采用全球卫星定位系统(GPS)等科学手段,测得亚洲最大的瀑布——黄果树大瀑布的实际高度为77.8米,其中主瀑高67米;瀑布宽101米,其中主瀑顶宽83.3米。这里分布着18个瀑布,形成一个庞大的瀑布"家族"。黄果树大瀑布是黄果树瀑布群中最为壮观的瀑布,是世界上唯一可以从上、下、前、后、左、右六个方位观赏的瀑布,也是世界上有水帘洞自然贯通且能从洞内外听、观、摸的瀑布。明代伟大的旅行家徐霞客考察黄果树大瀑布后赞叹道:"捣珠崩玉,飞沫反涌,如烟雾腾空,势甚雄伟;所谓'珠帘钩不卷,匹练挂遥峰',俱不足以拟其壮也。盖余所见瀑布,高峻数倍者有之,而从无此阔而大者。"

黄果树瀑布群由风韵各异的大小瀑布组成,其中以黄果树大瀑布最为优美壮观,故统称为黄果树瀑布群。由于黄果树瀑布群的各瀑布不仅风韵各具特色,造型十分优美,堪称世界上最典型、最壮观的喀斯特瀑布群,而且在其周围还发育着许多喀斯特溶洞,洞内发育各种喀斯特洞穴地貌,形成著名的贵州地下世界,具有极大的旅游观光价值,故国务院已批准将黄果树瀑布群列为全国第一批重点风景名胜开发区域。可以预见,再过些时候,随着黄果树瀑布群的进一步开发,黔中南将成为我国乃至世界上最著名的瀑布游览区之一。

那么,在黄果树瀑布群中,还有哪些著名的瀑布呢?

滴水滩瀑布

滴水滩瀑布位于黄果树瀑布以西 8000 米,它集高、大、多、美、奇诸多特点于一身,总高度为黄果树瀑布群之首。这里两山对峙,东为大坡顶,西为关索岭,中间是深达 700 米的霸陵河峡谷,瀑布就挂在关索岭大山上。滴水滩瀑布总高 410 米,为黄果树瀑布的 6 倍,最下层 134 米,雄伟磅礴。站在大坡顶遥望整个瀑布,瀑布就仿若身着白色衣裙的天仙,仪态万方地从万顷碧绿之中露出她的身姿。

那大关瀑布

在滴水滩瀑布上游 700 米的断层峡谷中,总高 160 米的那大关瀑布分为三级,总落差达 140 米,宽 50 米,峡谷深达 700 余米。河水层层跌泻,瀑雨纷飞,水量巨大,气势磅礴,是黄果树瀑布群中水流量最大的瀑布。

绿媚潭瀑布

绿媚潭瀑布

凡化河再往下,即为绿媚潭瀑布,高50米,宽10余米。悬空挂在山谷之中,站在开阔的山坡上,绿媚潭瀑布的美景便尽收眼底。

蜘蛛岩瀑布

由黄果树瀑布西行4000米,来到凡化河谷,便看到一个从半壁断岩中涌出的消水洞瀑布,即为蜘蛛岩瀑布。在高30米的半壁处,有一个直径为8米的巨大洞口,一股急流喷射而出,如龙吐水,奔腾呼啸而下。

陡坡塘瀑布

陡坡塘瀑布位于黄果树瀑布上游1000米处,高21米,宽105米,是黄果树瀑布群中最宽的瀑布,整座瀑布形成在钙化滩坝上。更为奇特的是洪峰来临前发出深沉的吼声,故又称"吼瀑"。

解密匙

"白水如棉,不用弓弹花自散;红霞似锦,何须梭织天生成。"从"天"而来的黄果树瀑布美不胜收! 黄果树瀑布不是一个瀑布,而是由18个瀑布组成的瀑布群,那么,你知道瀑布群是怎么形成的吗?

瀑布的形成,特别是大峡谷河床瀑布的形成,是内外营力相互作用下导致地形差异所表现出的一种阶段性河床地貌。其形成因素的作用是综合性的、复杂的。当然,在分析其形成因素中,会有主要的或次要的分别,也可说是在一系列特定条件的综合因素作用下,在某一时间阶段上的一种必然表现。

当然,瀑布群的形成原因是各不相同的,要通过很详细的工作,具体地分析。以大峡谷瀑布群为例,在这里分析一下瀑布群的成因。

1.短距离内河道作S形或直角形的急拐弯转折,大的主体瀑布和相对集中的瀑布群首先最容易出现在河床S形拐弯的弯部和直角形转折的弯部。这种地形突然转折变化,应力相对容易集中。最大(落差)的藏布巴东Ⅰ号、Ⅱ号瀑布就出现在河床S形拐弯部位。

瀑布群美景

2.短距离内峡谷基岩河床深槽形态发生束放变化的转折部位,能够出现大的瀑布。如绒扎瀑布就是从相对宽的河床到突然收窄的河床跌落下去进入更深更狭的基岩河槽的。同时,任何巨瀑下面必有深潭,它必然会改变河床谷地的形态和水流作用的性质,这也是相辅相成的,应该说也是参与了瀑布地形的形成过程的。如藏布巴东瀑布跌落下去就形成一个大的三角形的瀑槽,瀑水在其中急速回旋翻滚,形成一个三角形池。

3.将从藏布巴东Ⅱ号瀑布出现部位的卫星影像图分析,这里的变质岩为东西走向,两岸岩石的产状是连续的,瀑布的出现主要应考虑是由于河床的急拐弯和束放导致应力相对集中作用所出现的差异。在绒扎瀑布,据张文敬教授介绍,瀑布的出现与其坐落在横向岩层中石英岩脉这样坚硬岩性的地层有关系。

4.至于藏布巴东Ⅱ号瀑布,即大峡谷中最大瀑布(高 35 米)以下的一系列小规模的瀑布和跌水的出现,又与河床有许多大块崩塌堆积的堵塞有关。整个大峡谷中一些河床小瀑布与跌水险滩,许多都与强大的支沟泥石流堆积于干流主河床上,局部改变了河床坡降造成的差异也是有关系的。

5.季建清博士认为,大拐弯峡谷的复杂构造弧弯在不同板块之间,这里15万年以来上升量达到30毫米/年,是地球上最强烈的上升地区之一。在这里,地幔物质上涌是"高温、低密、低磁、负重力、多地震、强构造运动"的地球"热点"地区。总之,这里地壳(物质)的变形是十分强烈的(在大峡谷瀑布群所在变形地体上留有许多构造变形的证据)。大峡谷核心无人区段就有因变形(无论快速或缓慢的)产生的大规模山体的滑塌和移动入峡谷中,堵塞和改变了河床地形,这些都与瀑布群出现有关。

总之,大峡谷瀑布群的形成首先是在内外营力作用的综合分析基础上,对具体瀑布应作具体分析。

庐山瀑布

小快递

庐山瀑布是由三叠泉瀑布、开先瀑布、石门涧瀑布、黄龙潭和乌龙潭瀑布、王家坡双瀑与玉帘泉瀑布等组成的庐山瀑布群,誉为中国最秀丽的十大瀑布之一。因李白《望庐山瀑布》中的"日照香炉生紫烟,遥看瀑布挂前川"句为人熟知。

全景照

古人曰:"泰岱青松,华岳摩岭,黄山云海,匡庐瀑布,并称山川绝胜。"庐山之美,素享"匡庐奇秀甲天下"之誉,而庐山之美,瀑布居首。庐山之名,早在周朝就有了。古人对千里平川上竟突兀出一座如此高耸秀美的庐山,山上又有众多的瀑布溪流,曾感到迷惑不解。于是,就编了许多神话故事,来解释庐山及其泉瀑的来历。

庐山瀑布群是有历史的,历代诸多文人骚客在此赋诗题词,赞颂其

庐山瀑布

壮观雄伟,给庐山瀑布带来了极高的声誉。最有名的自然是唐代诗人李白的《望庐山瀑布》,已成千古绝唱。庐山的瀑布群最著名的应数三叠泉,被称为庐山第一奇观,旧有"未到三叠泉,不算庐山客"之说。除三叠泉瀑布外,庐山瀑布群还有开生瀑、石门洞、玉帘泉、黄龙潭和乌龙潭瀑布等。庐山瀑布群便是以不同的风貌向世人展示它的万般风情。

"五老峰北嵯峨巅,龙泉三叠来自天。"这里所指的便是庐山瀑布群中最为壮观的三叠泉瀑布了。

三叠泉瀑布之水,自大月山流出,缓慢流淌一段后,再过五老峰背,由北崖口注于大盘石之上,又飞泻到第二级大盘石,再稍作停息,便又一次喷洒到第三级大盘石上,形成三叠,故得名三叠泉瀑布。在《纪游集》中,曾这样描写三叠泉:"上级如飘云拖练,中级如碎石摧冰,下级如玉龙走潭。"

然而,三叠泉瀑布的发现,在庐山众多的瀑布中,是比较晚的。直至宋光宗绍熙二年(1191年)始被一个砍柴人发现,当时朱熹正在五老峰下的白鹿洞书院,听说三叠泉之奇景,梦寐不忘,可年老多病,无法亲自观赏,便请人画三叠泉瀑布图给自己欣赏,仍然感到非常惋惜,不禁叹曰:"未能一游其下以快心目。"更令人遗憾的是曾写出"庐山东南五老峰,青天削出金芙蓉。九江秀色可揽结,吾将此地巢云松"的唐朝大诗人李白,在太白读书堂中隐居多年,而太白读书堂就在屏风迭上,屏风迭下便是三叠泉瀑布跌落的九迭谷,然而,李白却一直没有发现,否则又该留下传世之作了。

人们前去观赏三叠泉瀑布,既可以由牯岭街至五老峰旁的"青莲寺茶场",再循涧至屏风迭,由上向下俯视三叠泉瀑布,亦可从五老峰山麓的东风乡帅家村,涉行10余里山径涧溪,过玉川门,再登铁壁峰,由下向上仰观三叠泉瀑布。当然,俯视使人有凌虚而飘飘然之感,仰观则有气势磅礴之豪壮感。游客于铁壁峰昂首遥望,抛珠溅玉的三叠泉瀑布,宛若白鹭群飞,万斛明珠,九天抛洒。远踞外山崖之上的观瀑者,目睹此景,虽衣履脸发为谷风吹落的水雾尽

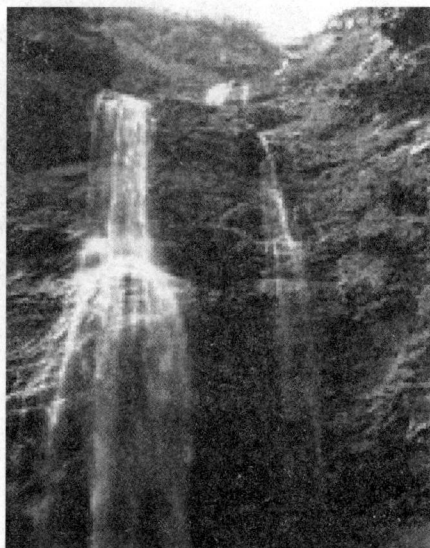

三叠泉瀑布

湿,仍情不自禁地欢呼雀跃。也许他们想品评一番,然瀑布轰然落潭之声,使人即使对坐说话,也语不相闻。转眼之间,瀑布又经两次折叠,直泻谷底之龙潭中,出龙潭后,水流沿山涧继续流向下游山壑之中。

诗人歌咏三叠泉瀑布的佳作,不胜枚举。"九叠峰头一道泉,分明来去与云连。几人竞赏飞流胜,今日方知至味全。"自宋以来,诗家名流,竞相前来观瀑,留下多少吟咏三叠泉的诗篇!有云"激石成三叠,驱云到四溟"的,有云"无人知此胜,来往水精灵"的。

从三叠泉瀑布的观瀑亭处,绕道下行,可寻觅观音洞,洞旁镌有邓旭所书"竹影疑踪"四字。相传此处是仙人洞内的竹林寺后门。自从竹林寺隐去后,多少人只见其影而不见其门。其中有一个砍柴人,无意中发现了一片竹叶沿山泉逆流而上,感到非常惊奇,于是便追踪溯源而上,不

庐山瀑布景色

知不觉就进入了刻有"竹影疑踪"四字的洞中。进入洞中,他看完和尚走了一盘棋,出洞后,便再也没有找到自己的家,方知"洞中才一日,世上已千年"了。

壶口瀑布

小快递

壶口瀑布是中国黄河上的著名瀑布,其奔腾汹涌的气势是中华民族精神的象征。它东濒山西省临汾市吉县壶口镇,西临陕西省延安市宜川县壶口乡,距太原五六个小时车程,距西安两个多小时车程。黄河至此,两岸石壁峭立,河口收束狭如壶口,故名壶口瀑布。壶口瀑布落差9米,蕴藏着丰富的水力资源。

全景照

黄河壶口瀑布因其气势雄浑而享誉中外。壶口瀑布巨大的浪涛,在因地势形成的落差注入谷底后,激起一团团水雾烟云,景色分外奇丽。站在河边观瀑,游人莫不唱起"风在吼,马在叫,黄河在咆哮"这威武雄壮的歌曲。

滔滔黄河水在流经吉县附近时，河道宽度由 300 米缩为 50 米，飞流直下，猛跌深槽，骇浪翻滚，惊涛拍岸，云雾排空，其雄壮之势，无与伦比。

壶口瀑布水势汹涌，涛声震天，景色壮丽，是黄河最壮观的一段，也是国内外罕见的瀑布奇观。"黄河之水天上来，奔流到海不复回"，唐代著名诗人李白脍炙人口的佳句，勾画出了大河奔流的壮观景象。不观壶口大瀑布，难识黄河真面目，壶口瀑布这颗黄河上的璀璨明珠，正以它巨龙般的姿态奔腾、咆哮着。与瀑布相关的景观还有"冰瀑奇观"、"水底冒烟"、"霓虹通天"、"旱地行船"等。壶口景色，四时各异，严冬则冰封河面，顿失滔滔；春来则凌汛咆哮，如雷贯耳；盛夏则大洪临岸，蔚为壮观；秋季则洋洋洒洒，彩虹通天。

壶口瀑布

冰瀑奇观

平日里"湍势吼千牛"的壶口瀑布，在"冷静"中呈现出别样风情：黄河水从两岸形状各异的冰凌、层层叠叠的冰块中飞流直下，激起的水雾在阳光下映射出美丽的彩虹，瀑布下搭起美丽的冰桥，令人不禁慨叹大自然的鬼斧神工。

水底冒烟

黄河入"壶口"处,湍流急下,激起的水雾,腾空而起,恰似从水底冒出的滚滚浓烟,十数里外可望。壶口雾气的大小与季节、流量有关。冬季河面封冻,瀑布多成冰凌,地表来水减少,壶口流量降至150～500立方米/秒,激浪不大,飞出槽面水雾极少;夏季流量大增,水流溢出深槽,落差甚小,瀑布消失,不易形成升入高空的浓密水雾;春秋两季,流量适中,气温不高,瀑布落差在20米以上,急流飞溅,形成弥漫在空中的水雾,即"水底冒烟"一景。

霓虹通天

壶口瀑布反复冲击所形成的水雾,升腾空中,使阳光发生折射而形成彩虹。彩虹有时呈弧形从天际插入水中,似长龙吸水;有时呈笔直的彩带横在水面,像彩桥飞架;有时在浓烟腾雾中出现花团锦簇的样子,五光十色,飘忽不定,扑朔迷离。霓虹戏水是"水底冒烟"与阳光共同作用的产物。春秋两季,水底冒烟、浓雾高悬,每遇晴天,阳光斜射,往往形成彩虹;夏日雨后天晴,有时也会出现彩虹。

美丽彩虹

旱地行船

壶口瀑布落差大,加之瀑布下的深槽狭长幽深,水流湍急,给水上船只通行带来很大的困难。过去从壶口上游顺水下行的船只,不得不先在壶口上边至龙王庙处停靠,将货物全部卸下船来,换用人担、畜驮的方法沿着河岸运到下游码头,同时,靠人力将空船拉出水面,船下铺设圆形木杠,托着空船在河岸上滚动前进,到壶口下游水流较缓处,再将船放入水中,装上货物,继续下行。在岸上人力拖船很费力气,常常需上百人拼命拉纤。尽管有一些圆形木杠,铺在船下滚动,但石质河岸上仍被船底的铁钉擦划得条痕累累。在当时的条件下,"旱地行船"可能是水上运输越过壶口瀑布的最佳选择,它与壶口瀑布上下比较平缓的石质河岸相适应。近来,由于公路、铁路的迅速延伸,以及壶口附近黄河大桥的修建,过壶口的水上航运已阻断多年,现仅可看到昔日旱地行船留下的痕迹。

山飞海立

"山飞海立"是对壶口瀑布磅礴气势的形容。黄河穿千里长峡,滔滔激流直逼壶口,突然束流归槽,形成极为壮观的飞瀑。仰观水幕,滚滚黄水从天际倾泻而下,势如千山飞崩,四海倾倒,构成壶口瀑布的核心景观。

晴空洒雨

悬瀑飞流形成的水雾飘浮升空,虽然烈日当空,但在瀑布附近,犹如天降细雨,湿人衣衫。这也是水底冒烟所产生的又一有趣的景观,一般越接近河面水雾越浓密。因而,在水底冒烟时,在岸边观瀑时难免衣服湿漉漉的。

解密匙

瀑布的成因不尽相同,但却是一样的壮观,一样的美丽。你知道瀑布分为哪些类型吗?

依据瀑布的外观和地形构造,瀑布有多种分类。

1.据瀑布水流的高宽比例划分：垂帘型瀑布、细长型瀑布。

2.据瀑布岩壁的倾斜角度划分：悬空型瀑布、垂直型瀑布、倾斜型瀑布。

3.据瀑布有无跌水潭划分：有瀑潭型瀑布、无瀑潭型瀑布。

4.据瀑布的水流与地层倾斜方向划分：逆斜型瀑布、水平型瀑布、顺斜型瀑布、无理型瀑布。

5.据瀑布所在地形划分：名山瀑布、岩溶瀑布、火山瀑布、高原瀑布。

九寨沟瀑布群

小快递

九寨沟瀑布群坐落在四川省阿坝藏族羌族自治州九寨沟县,主要由树正瀑布、诺日朗瀑布和珍珠滩瀑布组成,此外还有无数小瀑布点缀其间。

全景照

九寨沟风景,主要是集中在水景,众多的海子(湖泊)和连接这些海子的瀑布群,是九寨沟风景中最富有魅力的奇丽景观。"天堂"杭州之西子湖,水光潋滟,山色空蒙,媚若江南多情少女,而九寨"神地"之海子瀑布,碧绿浅蓝,天然雕饰,其美用语言难以表述。

纵览我国瀑布,或从断崖蓦然跌下,势若大海倒泻,银河决口,声势恢弘;或从峭壁凌空飞落,状如白绫脱轴,袅袅娜娜,姿态万千;或从洞上翻崖直下,形若水晶珠帘,垂挂洞前,妙趣横生。而九寨沟瀑布群,则从长满树木的悬崖或滩上悄悄流出,瀑布往往被分成无数股细小的水流,或轻盈缓慢,或急流直泻,千姿百态,妙不可言,加上四周群山叠翠,满目青葱,至金秋时节,层林尽染,瀑布之景就更为神奇秀丽了。

树正瀑布

从沟口经魔鬼岩过树正群海,再向上二三里路,游人便闻水声轰轰,震耳欲聋,雾气阵阵,扑面而来。定神一看,一条宽 50 来米,高 20 余米的瀑布，正从古树丛中奔腾而出，瀑面之上，又有不少树木阻挡分流，这个出没于悬崖树林之中的瀑布，便是树正瀑布。

树正瀑布

这种奇特的瀑布景观，的确足以令游人惊叹不已。那翻着雪浪的瀑布，与苍劲古老的树木一动一静，形成了强烈的对比，然而又组合成一幅和谐的天然图画。有人这样形容树正瀑布的奇丽神妙之景色：只见枝叶葱绿的古木那弯曲着的躯干半浸在瀑布中，任凭白花花的瀑布冲刷着，宛若一个个头披秀发的仙女，在圣水中尽情地沐浴嬉戏。大自然的神奇景色，有时竟能使人若置身于伊甸乐园之中！

尽管许多树木是深深扎根于崖间岩缝之中，有的甚至一条支根被瀑布冲刷出来后，又拼命地扎入另一处岩缝之中，顶着浪花翻滚的瀑布，顽强地拼搏着；但亦有些树木，经不住瀑布的冲刷，而被冲出带走。

天工造化，鬼斧神匠，树正瀑布，可谓奇瀑了。瀑布之上，不仅水石相激，浪花飞溅，更有水木相搏，堆雪碎冰。九寨沟瀑布群景观之美，由此可窥一斑。

诺日朗瀑布

离开树正瀑布，上行不远，便到了树正群海沟、则查洼沟和日则沟三条主沟的交界处，这里有一条九寨沟瀑布群中最大的瀑布——诺日朗瀑布。"诺日朗"三字，在藏语中的意思就是雄伟壮观，一见果然名不虚传！

诺日朗瀑布，落差并不很大，大约为 30～40 米，而瀑面十分宽，达270 余米，是我国最宽的瀑布。

诺日朗瀑布景色，四季变幻，昼夜迥异。春天的诺日朗瀑布，宛若一个刚刚苏醒的孩子，欢呼雀跃地奔流在苍翠欲滴的山谷崖壁上，呈现的是一派空灵翠绿、生机勃勃的景象；而当夏日来临，瀑布水量增多，声势渐壮，水流跌落在瀑下岩石上，激起水花万朵，如银珠万斛，四处抛洒。而其细微之处，水流有如帘幕一般，垂落下来，有如断续的珠子，滴落入潭，令人回味无穷。金秋季节，山谷坡地，万紫千红，若一幅浓重的油画，诺日朗瀑布在一片片红叶、黄叶之中，分成无数股细流，飘然而下，景色最为迷人；若至隆冬时节，诺日朗瀑布则从流动状态转变成固体状态，成了一幅千姿百态的冰瀑画卷。

诺日朗瀑布

白天阳光下的诺日朗瀑布，多姿多彩，景色迷人。而当夜幕降临，皓月当空，清辉如练，诺日朗瀑布更有一番令人沉醉的诗情画意了。聆听着瀑布的哗哗流水声和夜里一些莫名的小虫的叫声，再仰望悬挂在天空上的一轮如钩新月，山风徐徐拂面而来，浑身凉爽舒适，身置如此佳境，已使人完全忘却了人世间的一切烦忧，飘飘然欲羽化登仙了。

珍珠滩瀑布

由诺日朗瀑布经镜湖，再稍行一段路程，便到了九寨沟瀑布群中的又一大瀑布——珍珠滩瀑布。

珍珠滩瀑布四周长满松、杉等树木，从公路上下去，需要穿越过一道密密的绿色走廊，方可来到瀑布旁边。珍珠滩瀑布，从某种意义上讲，类

珍珠滩瀑布

似于黄果树瀑布群中的螺蛳滩瀑布。它不完全是一个翻崖落水的跌水瀑布,而是上有一个约 20 度倾角的滩面,瀑布先在滩面上缓缓流淌,由于滩面由钙华组成,钙华表面又有鳞片般的微小起伏,当薄薄的水层从滩面上淌过,在阳光的照射下,若万颗明珠,闪着银光,故得名珍珠滩。珍珠滩上由于水流较缓,滩面较平坦,故游人可脱鞋赤足在滩上行走。但由于瀑水由雪山上融雪之水汇流而成,故水温较低,即使盛夏时节,漫步在珍珠滩上,亦觉得寒气逼人,令人发抖。

解密匙

　　神秘奇丽的九寨沟景观是怎么形成的呢?这就要从地质的角度来寻找科学的答案了。

　　距今大约 200 万~300 万年的时候,整个地球进入第四纪冰川期,那时的九寨沟一带冰川活动十分频繁。我们知道,冰川的进退与气候的变化有着十分密切的关系。在第四纪时期,气候变化非常剧烈,海平面也随之升降。温暖时,冰川便向后退缩,冰川最前头——冰舌上携带的大量冰碛物便停留下来,堆积成坝,这就是所谓的冰川终碛物。而当气候变冷时,冰川又得到重新发育,于是又向下游延伸,或者可以达到前一次冰川终碛物的下游，或者可以在前一次冰碛物的上游。这时，气候又一次转暖，冰川再一次消融后退，于是就留下了另一道冰川终碛物。

九寨沟瀑布美景

显然，冰川发育越好，携带物质越多，形成的冰川终碛物也越多，堆积的坝相应也越大。由于第四纪气候频繁变化，时冷时暖，幅度又不一，所以形成大小不一的许多冰川终碛物，九寨沟地区就发育了许多坝。这些坝大小不一，有的长达 200 余米，有的不足 1 米，有的高达 40 余米，有的只有几十厘米。自大理冰期（最后一次冰期）过后，大约距今一万年以来，开始进入全新的时期，气温开始持续上升，冰川渐渐退缩，终于消失，留下的只是许多冰碛湖——即九寨沟中无数大小不一的海子。由于冰碛物较为坚实，不易透水，其上的海子不会干涸。海子中的水过多而满溢出来时，便形成了瀑布。瀑布规模大小视坝的高低长短而定。由于水量充沛，天长日久，这些海子四周的坝、滩和坡上，渐渐生长出树木花草，飞禽走兽也继之而来，于是，一个仙境般的九寨沟就这样形成了。

第六章　山水一家

长白山

　　长白山位于吉林省延边朝鲜族自治州安图县和白山市抚松县境内，是中朝两国的界山、中华十大名山之一、国家 5A 级风景区、关东第一山。因其主峰多白色浮石与积雪而得名，素有"千年积雪万年松，直上人间第一峰"的美誉。长白山是中国东北境内海拔最高、喷口最大的火山体。长白山还有一个美好的寓意："长相守，到白头。"

　　以长白山天池为代表，集瀑布、温泉、峡谷、地下森林、火山熔岩林、高山大花园、地下河、原始森林、云雾、冰雪等旅游景观于一体的长白山，

长白山

构成了一道亮丽迷人的风景线。大自然赋予了它无比丰富独特的资源，使之成为人人向往的地方。

著名的长白山天池位于长白山主峰火山锥体的顶部，是我国最大的火山口湖，荣获海拔最高的火山湖的吉尼斯世界之最。天池四周奇峰林立，池水碧绿清澈。从天池倾泻而下的长白飞瀑，是世界落差最大的火山湖瀑布，它轰鸣如雷，水花四溅，雾气遮天。位于冠冕峰南的锦江瀑布，两次跌落汇成巨流，直泻谷底，惊心动魄，与天池瀑布一南一北，遥相呼应，蔚为壮观。它生动地再现了"疑似龙池喷瑞雪，如同天际挂飞流"的神奇境界，游者身临其境，会产生细雨飘洒、凉透心田的惬意感受。鸭绿江大峡谷和长白山大峡谷集奇峰、怪石、幽谷、秀水、古树、珍草于一体，沟壑险峻狭长，溪水淙淙清幽。其博大雄浑的风格和洪荒原始的意境，深深地震撼了游览者的心魄。

长白山天池

长白山天池是松花江、图们江、鸭绿江三江之源，是中朝两国的界湖。它像一块瑰丽的碧玉镶嵌在雄伟壮丽的长白山群峰之中。

天池略呈椭圆形，形如莲叶初露水面。据《长白山江冈志略》记载："天池在长白山巅的中心点，群峰环抱，离地高约20余里，故名为天池。"天池实际湖面高度为2194米，是我国最高的火山口湖，不愧"天池"之称。天池的湖水面积为9.8平方千米，湖水平均深度为204米，最深处达373米，是我国最深的湖泊。

长白山天池由于海拔较高，气候多变，风狂、雨暴、雪多是它的特点。它有长达10个月的冬季，湖水冻结的时间达6个月之久。当风力达5级时，池中浪高可达1米以上。如同任性的少女发怒，平静的湖面霎时狂风呼啸，甚至暴雨倾盆，冰雪骤落，让绰约多姿的奇峰危崖统统罩上了一层朦胧的面纱。这雾霭风雨，瞬息万变，虚无缥缈的白山风云，既绘出了"水光潋滟晴方好，山色空蒙雨亦奇"的绝妙美景，又为长白山天池增添了无限的神秘感，并塑造了长白山天池的独特个性。

长白山天池

虽然气候寒冷,但生长在有限范围内的茵茵芳草和鲜花以蓬勃的生命力使天池跃然生辉。雍容华贵的长白杜鹃,第一个把春天带到皑皑白雪上,它们在海拔 2000 米以上的高山苔原扎根,铺翠叠锦。婀娜多姿的高山罂粟,花朵洁白,它与杜鹃一起被誉为长白山两大圣花。胜似红衣仙女的高山百合、叶茎由地下蜷曲向上的稀有的倒根草、宛如金色耳环的高山菊、小巧玲珑的长白龙胆和遍布各个角落的高山桧,还有第四纪冰川时期由北极推移过来的长白越橘、松毛翠等,匍匐着矮小身躯,以坚毅而顽强的生命力,共同编织着锦绣的天池风光。

长白山地下森林

"地下森林"为火口森林,谷底南北长约 3 千米,古松参天、巨石错落,是长白山海拔最低的风景区,位于二道白河岸边,距长白山高山冰场东约 5 千米,在洞天瀑北侧。沿着略加整饰的原始林中的小路,走入密林深处,踏着厚实的苔藓,翻过横在面前的倒木,穿过剑门,即可看到整个谷底森林了。游人在此可饱览原始森林风光,领略、感受大自然古朴清新的气息,令人赏心悦目,心旷神怡。

温泉群

在黑风口滚滚黑石下面有几十处地热,大如碗口、小有指粗,这就是分布在 1000 平方米地面上的温泉群。它距离震耳欲聋的长白瀑布不到

1000 米,奔腾咆哮的白河擦边而过。它以绚丽的色彩把周围的岩石、沙砾染得金黄、碧蓝、殷红、翠绿,五光十色,散发着蒸腾热气,格外愉悦游人的眼目。特别是冬季,周围是一片银装素裹,冰天雪地,而这里却是热气腾腾,烟雾袅袅,实在是别有一番景致。

长白山温泉

长白山温泉属于高热温泉,多数泉水温度在 60℃ 以上,最热泉眼可达 82℃,放入鸡蛋,顷刻即熟。长白温泉有"神水之称",可舒筋活血,驱寒祛病,特别对关节炎、皮肤病等疗效十分显著。这里设有温泉浴池,供游人洗浴,池水温度可以调节,出浴之后,备感轻松。

比较著名的长白温泉、梯云温泉和湖滨温泉等,都是吸引中外游人的好地方。此外,还有芦泉、仙人桥温泉群、十八道沟温泉、玉浆泉、药水泉等等。

美丽的长白山还有高山花园、小天池、十六峰等美丽景观。它像一条玉龙,横亘在中国的东北边疆,以美丽富饶、景色壮观闻名中外。

解密匙

你知道美丽壮观的长白山经历了怎样的历史沉淀吗?

在亿万年以来的地质历史上,长白山地区经历了沧海桑田的变迁。

美丽的长白山

最初,这里被海水淹没,到处是一片汪洋大海。后来由于地壳的上升,海水退出,地表重新露出水面,在阳光、雨水和气候变化等外力作用下,地面岩石遭受风化和破坏。最后长白山还经历了火山爆发和冰川的雕塑,才形成了今天的地貌景观。

在距今约 3000 万年前,即第三纪的时候,地球进入了一个新的活动时期,即地质学上所说的喜马拉雅造山运动。在大约 2500 万年的时间里,长白山地区经历了 4 次火山喷发活动,玄武岩浆从上地幔出发,沿着地壳中的巨大裂隙不断上涌,以巨大的能量喷出地表(地质学上称为裂隙式火山喷发)。携有强大冲击力的岩浆,将原来的岩石及岩浆中先期凝固的岩块及火山灰、水蒸气等喷向空中,然后在重力和风力的作用下降落到火山口周围或一侧,堆积成各种火山地貌。由于玄武岩浆黏度较小,在地表的流动速度较快,流淌的距离较远,所以形成了广阔的玄武岩台地。长白山区沿西北方向分布的南岗山脉、长虹岭及影壁山等长白山主峰的基底均为此期形成的玄武岩台地。

在距今约 60 万～1500 万年间,长白山区又经历了一个地壳活动的时期,地质上称为白头山期。这个时期发生了 4 次火山爆发,爆发方式以中心式为特点,地下岩浆沿着深断裂的交汇处形成的筒形通道上涌,在地表构成了火山锥体地貌景观。

张家界

小 快 递

张家界是中国湖南省省的省辖地级市,位于湖南省西北部,澧水中上游,属武陵山脉腹地,为中国最重要的旅游城市之一。1982 年 9 月,张家界成为中国第一个国家森林公园;1988 年 8 月,武陵源被列入国家第二批 40 处重点风景名胜区;1992 年,由张家界国家森林公园、索溪峪风景区、天子山风景区三大景区构成的武陵源自然风景区被联合国教科文组织列入《世界自然遗产名录》。

全 景 照

张家界市地处云贵高原隆起区与洞庭湖沉降区接合部,东接石门、桃源县,南邻沅陵县,北抵湖北省的鹤峰、宣恩县。市界东西最长 167 千米,南北最宽 96 千米。全市总面积 9653 平方千米,占全省面积的4.5%。张家界市的地层复杂多样,造就了当地的特色景观。

在张家界市区境内,由于受地理、地层、构造、气候等诸多条件的影响,便形成了多姿多彩的地貌奇观。从地势上来看,张家界市西接云贵高原,东临洞庭湖,北与鄂西山区接壤,南又与雪峰山毗邻。其总的地势是:东南与中部低,四周高,沿澧水河流两岸,又有一块一块的冲积平原。该市境内一年四季,气候温和,雨量充沛,溪流发育,各条溪流均汇集到澧水河,然后从西向东,一直流进八百里洞庭湖。湖内,沉积着几十米几百米厚的泥沙。与洞庭湖相反,从东向西,地势又逐渐升高,到市区中心地段,便出现了海拔高达 1500 余米的天门山、七星山等高山峻岭。有高

如梦如幻的张家界

山峻岭,又有低谷平原,这就是本区独特的流水侵蚀地貌。

流水侵蚀地貌

张家界地貌的一个突出的表现是由于地壳上升,溪流向下切割作用加大,来不及将河流拓宽,而使河谷形成隘谷、峡谷。河的谷底形成线形,两壁陡峻,滩多水急。张家界市澧水源头、娄水上游、茅岩河段,就是这种河谷地貌。

喀斯特地貌

近年来学术界也称岩溶地貌,也是张家界地貌的另一突出的特点。这种地貌约占全市面积40%左右,且堆积物均发育齐全,是我国湘西北喀斯特地形发育地区的一个组成部分。桑植县、慈利县大部,武陵源区、永定区东南部是这一地形发育的地区。地表喀斯特地形的溶沟、溶槽、石芽、干谷、石丘,市内各处可见,唯石林在市区少见,在天门山风景区能见到一些单个石柱,但很少成林。湘西北地区只有在自治州花垣县小排吾一地,有一片石林,俗称"石栏栅",颇引人注意,也吸引了不少游人学者观光考察。

地下喀斯特溶洞、喀斯特堆积物形态,在张家界,更是堪称一绝。桑植县的九天洞能列入世界洞穴学会会员洞,也真不愧为"亚洲第一洞"的

张家界十里画廊

响亮称号。九天洞和位于武陵源区的黄龙洞,是张家界地下喀斯特地形的代表。它们集溶洞、溶洞河、暗河、落水洞、漏斗为一体。其洞内喀斯特堆积物,石钟乳、石笋、石柱更是千姿百态,变化万千,可以说,想什么,像什么,极大地拓展了游人想象的空间,往往使人很难找到恰当的词汇和语言来赞美它。

张家界市境内山峦重叠,地表起伏很大,最高点海拔1890.4米,最低点海拔75米。张家界,奇峰三千,秀水八百。张家界的山大多拔地而起,山上峰峻石奇,或玲珑秀丽,或峥嵘可怖。张家界既有千姿百态的岩溶地貌奇观,又有举世罕见的砂岩峰林异景。

武陵山脉

武陵山脉盘踞在湖南省的西北角,属云贵高原云雾山的东延部分,山系呈北东向延伸,海拔在1000米左右,峰顶保持着一定平坦面,山体形态呈现出顶平、坡陡、谷深的特点,最高峰壶瓶山海拔2098.7米。武陵山脉自北向南分为3支。北支:分布于湘、川、鄂边境的八面山、八大公山、青龙山、东山峰、壶瓶山;中支:沿澧水干流北侧,有天星山、红溪山、朝天山、张家界、白云山等;南支:从贵州省境延伸过来,进入湖南省有腊尔山、羊峰山、天门山、大龙山、六台山等,为武陵山脉的主脉,是澧水与沅水的分水岭。上述三支山脉均消失于洞庭湖平原。武陵山脉纵贯湖南省西部,成为东西交通的屏障,但局部地段有较低的山隘等,构成东西交通的通道。

武陵山脉

天门山

天门山古称云梦山,又名玉屏山,坐落在张家界市区以南10千米处。公元263年,因山壁崩塌而使山体上部洞开一门,南北相通。三国时吴王孙休以为吉祥,赐名"天门山"。天门洞位于海拔1260多米的绝壁之上,门洞高131.5米,宽57米,深60余米。据地质专家考证,门洞中央系东西岩层斜向的交会处,因挤压而导致岩石破碎崩塌,最终于263年形成门洞。天门山海拔1518.6米,因与山下市区相对高度差达1300多米,故尤显伟岸挺拔,堪为山的典型。

天子山

天子山因明初土家族领袖向大坤自号"向王天子"而得名。天子山位于武陵源境内北部,它东自深圳阁起,西至将军岩止,绵延近40千米。南边是张家界,东南与索溪峪相接,属武陵源三大景区之一。天子山面积 67 平方千米,最高点昆峰海拔 1262 米,最低点泗南峪海拔 534 米。天子山地处武陵源腹地,地势高,四面都可观景,具有画面宽阔、景层丰富等特点。有人评价它:"谁人识源。"它峰多、峰高、峰奇,真是峰外有峰,峰中有峰。

金鞭溪

金鞭溪

金鞭溪是一条天然形成的美丽的溪流,因金鞭岩而得名。溪水弯弯曲曲自西向东流去,即使久旱,也不会断流。走近金鞭溪,满目青翠,连衣服都映成了淡淡的绿色。流水潺潺,伴着声声鸟语,走着走着,忽然感到一阵清凉,才觉察有微风习习吹过,阵阵袭来的芬芳使你不由得驻足细细品味。清澈见底、纤尘不染的碧水中,鱼儿欢快地游动,红、绿、白各色卵石在水中闪亮。阳光透过林隙在水面洒落斑驳的影子,给人一种大自然静谧清幽的享受。金鞭溪全长 5700 米,穿行于绝壁奇峰之间,溪谷有繁茂的植被,溪水四季清澈,被称为"山水画廊"、"人间仙境"。有诗赞曰:"清清流水青青山,山若画屏人若仙。仙人若在画中走,一步一望一重天。"

神农架

小快递

神农架位于湖北省西部边陲,东与湖北省保康县接壤,西与重庆市巫山县毗邻,南依兴山、巴东而濒三峡,北倚房县、竹山且近武当,地跨东经109°56′~110°58′,北纬31°15′~31°75′,总面积3253平方千米,辖5镇3乡和1个国家级森林及野生动物类型自然保护区、1个国家湿地公园,林地面积占85%以上。

全景照

远古时期,神农架林区还是一片汪洋大海,经燕山和喜马拉雅运动逐渐提升成为多级陆地,并形成了神农架群和马槽园群等具有鲜明地方特色的地层。神农架位于我国地势第二阶梯的东部边缘,由大巴山脉东延的余脉组成中高山地貌,区内山体高大,由西南向东北逐渐降低。神农架平均海拔1700米。山峰多在1500米以上,其中海拔3000米以上的山峰有6座,海拔2500米以上山峰有20多座,最高峰神农顶海拔3106.2

神农架

米,成为华中第一峰,神农架因此有"华中屋脊"之称。西南部的石柱河海拔仅 398 米,为境内最低点,相对高差达 2708.2 米。

神农架是长江和汉水的分水岭,境内有香溪河、沿渡河、南河和堵河4 个水系。由于该地区位于中纬度北亚热带季风区,气温偏凉而且多雨,海拔每上升 100 米,季节相差3~4天。"山脚盛夏山顶春,山麓艳秋山顶冰。赤橙黄绿看不够,春夏秋冬最难分"是神农架气候的真实写照。由于一年四季受到湿热的东南季风和干冷的大陆高压的交替影响以及高山森林对热量、降水的调节,形成夏无酷热、冬无严寒的宜人气候。当南方城市夏季普遍是高温时,神农架却是一片清凉世界。

神农架年降水量由低到高依次为 761.4~2500 毫米不等,故立体气候十分明显,独特的地理环境和立体小气候,使神农架成为中国南北植物种类的过渡区域和众多动物繁衍生息的交叉地带。这里拥有当今世界北半球中纬度内陆地区唯一保存完好的亚热带森林生态系统。境内森林覆盖率88%,保护区内达 96%。这里保留了珙桐、鹅掌楸、连香等大量珍贵古老孑遗植物。神农架对于森林生态学研究具有全球性意义。

神农架景色

神农架有许多神奇的地质奇观。在红花乡境内有一条潮水河,河水一日三涌,早中晚各涨潮一次,每次持续半小时。涨潮时,水色因季节而不同,干旱之季,水色混浊,梅雨之季,水色碧清。

神农架是中国内陆唯一保存完好的一片绿洲和世界中纬度地区唯一的一块绿色宝地。它是最富特色的垄断性的世界级旅游资源,动植物区成分丰富多彩,有古老、特有而且珍稀的动植物。苍劲挺拔的冷杉、古朴郁香的岩柏、雍容华贵的桫椤、风度翩翩的珙桐、独占一方的铁坚杉,枝繁叶茂,遮天蔽日;金丝猴、白熊、苏门羚、大鲵以及白鹳、白鹤、金雕等走兽飞禽出没草丛,翔于林间。一切是那样的和谐宁静,自在安详。这里还有着优美而古老的传说和古朴而神秘的民风民俗,人与自然共同构成中国内地的高山原始生态文化圈。神农氏尝百草的传说、"野人"之谜、汉民族神话史诗《黑暗传》、川鄂古盐道、土家婚俗、山乡情韵都具有令人神往的诱惑力。这里山峰瑰丽,清泉甘洌,风景绝妙。神农顶雄踞"华中第一峰",风景垭名跻"神农第一景";红坪峡谷、关门河峡谷、夹道河峡谷、野马河峡谷雄伟壮观;阴峪河、沿渡河、香溪河、大九湖风光绮丽;万燕栖息的燕子洞、时冷时热的冷热洞、盛夏冰封的冰洞、一天三潮的潮水洞、雷响出鱼的钱鱼洞令人叫绝;流泉飞瀑、云海佛光皆为大观。

解密匙

多少年来,在人们心中,神农架一直是个充满神秘色彩的地方,"野人"以及各种传说中的奇异动物,常能勾起人们无穷的遐想。事实上除"野人"等未被证实的"自然之谜"之外,神农架的确有不少已被证实存在,但却还无法得出科学的解释的自然现象。白色动物就是其中一例。许多在人们印象中不应该是白色的动物,在这里却出现了。

神农架是目前国内已知的出产白色动物最多的地方之一。过去,人们总以为世界上除了北冰洋周围常年卧雪、以食海豹为生的北极白熊

神农架白熊

外,其他地方不可能有白熊存在。1954年夏,神农架田家山药材场老药
农李孝满在采药时,从熊窝中捉到一只小白熊,卖给了武汉市中山公园。
这不但是在中国,而且是在亚洲第一次发现白熊。从此以后,又在神农
架先后捕获四只白熊,在北京、武汉等大中城市动物园展出。

除白熊外,神农架还先后发现过白麂、白苏门羚、白猴、白蛇,甚至还
有纯白色的乌鸦。尤其是神农架的白熊,有关资料显示,从20世纪60年
代初神农架林区开发至今,神农架已为国内一些动物园提供过五六只白
熊。如果加上被当地农民抓到,又因饲养不善而死亡的个体,几十年来,
神农架发现的白熊应在10只左右。这种现象不仅在国内绝无仅有,在世
界上也比较少见。

那么,神农架为何会盛产白色动物呢?

从事生态和动物物种研究的武汉大学生命科学院动物标本馆馆长
唐兆子曾有过10多次的神农架考察经历。他认为,关于神农架白色动物
的科学结论应当早就得出了。那就是属于基因突变导致的物种变异,是
普通动物的白化现象。

研究表明,基因影响动物体色的途径主要是控制酶的活性,通过酶

来控制体内的生化反应过程,最后决定了动物的形态。在正常动物的体内,一些苯丙氨酸参与构成动物体的蛋白质,另一些苯丙氨酸则转变为酪氨酸,经过酪氨酸酶的作用最后形成黑色素。而在白化动物体内由于缺少酪氨酸酶,所以不能合成黑色素,形成白化现象。

同种动物间一般在外部形态上总是相同的。但在高等动物中偶尔也会发现在同一种群中有异于同种动物的个体,这就是在体色、羽色或毛色上与同种其他个体有明显差别的一种异常现象,这种体色异常的个体一般都呈白色,但其体内结构和各种脏器与同种的其他个体并无差异,也具有繁殖后代的能力,我们称这种外形上白变的动物叫做白化动物。例如:猕猴的背毛一般都为棕色,而白化猕猴则毛色纯白,与正常的完全不同。

一般白化动物的虹膜多为红色,有怕光现象。人们所喜爱的白色彩貂及白兔亦为红眼,它们最早都是由白化动物精心培育出来的。在人类中有被称为"天老儿"的,实际上和白化动物一样,也是一种常染色体隐性遗传的白化现象。他们的头发呈淡黄色,皮肤白中带粉红色,特别是面部的颜色和正常人有所不同,但他们在生理上、生活上与智能发育上,几乎和普通人一样,只是眼睛有怕光现象,视力也差些。

唐兆子还从动物生态学上谈了这些白色动物不可能是单一品种的理由。他认为,在神农架这样的中纬度山地,不管是处于生态金字塔顶部的豺狼虎豹,还是处于下部的食草类动物,如果是白色,生存的难度相对要大很多。对食肉类的某种动物而言,一旦个体是白色,它在环境中因为显眼而容易暴露,而较难接近和获取猎物;对食草类动物而言,白色容易暴露,在大多数时间里几乎等于自杀。在环境相对稳定的情况下,动物种群中个别的白色化是不利于种群繁衍的,而且往往会被自然淘汰掉。

至于为什么神农架出现种类、数量这么多的白化动物,唐兆子认为,从外部环境上讲,因为神农架令世人关注,对好多人来说有一种神秘感,一举一动都会引起关注,白化动物的发现似乎就比别的地方更引人注目一些。从神农架自身条件来看,这里有我国最为古老的地质地貌,山势陡峻,沟谷纵横,相对封闭,不利于动物种群的迁徙、交流,动物存在客观上近亲繁衍的现象,结果导致个体退化,出现基因缺陷。同时,在漫长的历史演进中,原始的自然生态受到人为的干扰破坏也相对较少,处于金字塔顶端的食肉动物并不算多,这都是如今神农架白化动物频频被发现的原因。

桂林山水

小快递

桂林位于广西壮族自治区东北部,是世界著名的旅游胜地和历史文化名城。地处漓江西岸,以盛产桂花,桂树成林而得名。典型的喀斯特地形构成了别具一格的桂林山水。桂林山水是对桂林旅游资源的总称。桂林山水所指的范围很广,项目繁多。桂林山水一向以山青、水秀、洞奇、石美而享有"山水甲天下"的美誉。

全景照

桂林是世界著名的风景游览城市,有着举世无双的喀斯特地貌。

桂林的山,平地拔起,千姿百态;漓江的水,蜿蜒曲折,明洁如镜;山多有洞,洞幽景奇;洞中怪石,鬼斧神工,琳琅满目。桂林处处皆胜景,漓江山水堪称其中的典范。漓江风光尤以桂林阳朔为最,"桂林山水甲天下,阳朔山水甲桂林;群峰倒影山浮水,无山无水不入神",高度概括了阳朔自然风光的美。

如果说桂林的山是"鸟鸣山更幽",那么,桂林的水则是清澈透明、绿得欲滴。俯首看去,江水泛着细细的涟漪,水色晶莹剔透,加之两岸竹林婀娜多姿,山水相映成趣,怎么看都是一幅长长的山水画,凝重中透露着灵动之气,真是"舟行碧波上,人在画中游"。

桂林之山

象鼻山

象鼻山

象鼻山位于桂林市东南漓江右岸,因外形酷似一只大象站在江边伸鼻吸水而得名,是桂林的象征。由山西拾级而上,可达象背。山上有象眼岩,左右对穿,酷似大象的一对眼睛。由右眼下行数十级到南极洞,洞壁刻"南极洞天"四字。再上行数十步到水月洞,高 1 米,深 2 米,形似半月,洞映入水,恰如满月,到了夜间明月初升,景色秀丽无比。

猫儿山

融"泰山之雄,华山之险,黄山之美,峨眉之秀"的猫儿山因顶峰花岗岩巨石形似蹲伏的猫头而得名。猫儿山为越城岭(土名"老山界")主峰,海拔 2141.5 米,以华南第一高峰的雄姿耸立在桂林市兴安县华江瑶族自治乡境内。

猫儿山为高山风景地,有 112 种珍稀动物,1436 种野生植物,其中杜鹃花达 36 种,著名的铁杉树是冰河时期子遗下来的珍贵树种,与水杉、银杏一道被称为植物王国的"活化石"。另有著名的第三纪残遗植物,兰科

猫儿山

中最有代表的原始种类——鹅掌楸,在猫儿山西北沟谷中保存有一定的
数量。

月亮山

月亮山位于桂林市平乐县青龙乡郡塘村,是目前中国所有月亮山当
中最秀丽、最险峻,也是最具有旅游开发价值的。当地村民正准备把这
里建设成为中国最美的乡村。同时,这里也非常适合户外攀岩运动。
2011年春节,这里举行了万亩油菜花节,全世界的游客一睹了它的风采。

桂林之水

漓江

漓江风景区是世界上规模最大、风景最美的岩溶山水游览区,千百
年来它不知陶醉了多少文人墨客。桂林漓江风景区以桂林市为中心,北
起兴安灵渠,南至阳朔,由漓江一水相连。

漓江发源于兴安县猫儿山。从桂林到阳朔83千米水程,漓江像蜿蜒
的玉带,缠绕在苍翠的奇峰中,成为世界上规模最大、景色最优美的岩溶景
区。乘舟泛游漓江,可观奇峰倒影、碧水青山、牧童悠歌、渔翁闲钓、古朴的
田园人家、清新的呼吸——一切都那么有诗情画意。

风景如画的漓江

遇龙河

遇龙河是漓江在阳朔县境内最长的一条支流,全长 43.5 千米,流域面积 158.47 平方千米,流经阳朔县的金宝、葡萄、白沙、阳朔、高田等 5 个乡镇、20 多个村庄,人称"小漓江","不是漓江胜似漓江"。尤其是从遇龙桥到工农桥 15.36 千米水程,有 28 道堰坝,景点百余处。整个遇龙河景区,没有任何所谓现代化建筑,没有任何人工雕琢痕迹,没有任何都市喧嚣,一切都是那么原始、自然、古朴、纯净,实为桂林地区最大的纯自然山水园地。如果把漓江比作"大家闺秀",那么遇龙河则是让人怦然心动的"小家碧玉"。国内外专家一致确认:"遇龙河是世界上一流的人类共有的自然遗产。"

资江

资江是资源县境内最大的一条河,发源于华南第一峰猫儿山东北麓,浩浩北去,流入湖南省境内,最后注入洞庭湖,属长江水系。资江漂流河段自县城下游 5 千米至梅溪乡胡家田村,全程 22.5 千米,下 45 个滩,拐 31 道湾,既有自己别具一格的雄伟险峻,又有桂林漓江的清纯秀丽。著名诗人贺敬之盛赞"资江漂流,华南第一"。资江两岸植被保护良好,江水流量、流速相对稳定,似一条玉带穿梭于奇山峻岭之间。

资江

　　风光旖旎的资江,犹如一条长长的山水画廊。两岸奇峰突兀,怪石嶙峋,云烟缥缈,竹木葱茏,山花烂漫,水鸟低飞,莺啼婉转。竹筏穿梭于清澈江面,江畔竹篱茅舍,掩映于翠绿丛中,屋舍俨然,鸡犬相闻。倒影映水底,彩石铺河床。江流水急,清澈见底,鱼游水中,历历可见,白浪扑面,清风徐来。乘舟或漂流而下,山随水转,舞伴舟行,三弯九折,舟移景换。远望,"山重水复疑无路";近观,"柳暗花明又一村"。浪拍衣衫,亦惊亦喜,船在江上行,人在画中游,令人心旷神怡,惬意莫名。沿岸景物奇观迭出,"风帆石"、"玉屏山"、"三娘石"、"神象饮水"、"万马饮江"、"美猴王醉卧沉香寨"、"大将军骑马镇天门"……千姿百态,形神兼备,惟妙惟肖,妙趣横生,令游人顿生"资江归来不游江"之感。

　　五排河

　　五排河位于华南第一峰猫儿山西南麓,发源于海拔1883米的金紫山,是资源县境内第二大河,流经车田、两水、河口三个民族乡后,滔滔西去,汇入柳江,最后流入珠江,属珠江水系。一县之内的两条大河,分属长江、珠江两大水系,成为资源旅游的一大显著特点。

五排河河面宽 5～30 米,上下游落差近 300 米,映入眼帘的是一条又一条,几乎连成一体的急流。漂流探险,排空的白浪迎面击来,上下翻飞,左冲右突,入滩前一身干爽爽的,出滩后即成了湿漉漉的。汹涌澎湃的五排河,犹如一头脱缰的烈马,在深山幽谷中奔腾驰骋。

解密匙

奇特的地理地貌成就了美不胜收的桂林山水,使人顿生如入仙境之感。那么,你知道这些地貌是怎样形成的吗?

桂林山水

拔地而起的奇峰

桂林峰林石山地形以一座座石山拔地而起,四坡壁立峭峻为特征。石山四周峭峻,是由于石灰岩体多被溶蚀而形成的。因此,石山坡面是以崩塌为主。它和土山以流水冲刷坡面,并使山坡由急向缓演化,石山山坡上无散流、瀑流产生。因此,石山四周有不少山溪、小河和冲沟流入。石山由此而成为流水侵蚀、溶蚀地区,小河的侧向侵蚀,落水洞的形成,都会使石山山坡由和缓变为急陡。

由于地面水流以石山为集中下透区,因而使石山四周陡立,形成拔地而起的孤峰。有时悬崖千丈,雄伟异常,如桂林的独秀峰即为一例。

逢山有洞

峰林石山地形特征是"逢山有洞",有的不止一个,如桂林七星岩即有5个洞口。但是最奇特的要算"脚洞"了。脚洞是在石山山脚形成的洞穴,故名"脚洞"。它的地形特征是沿着地下水面发育的。所以,脚洞内部一般都有广大的洞穴系统。例如肇庆七星岩的大岩,即在洞中有一个大厅堂,沿厅堂四周分支出了小洞和走廊,在大厅堂处还形成了一个地下湖,说明脚洞是由地下水面附近强大的溶蚀力所致。因此,脚洞洞顶一般按地下水面形成,故顶部平坦是脚洞的一大地形特色。"顶平如割"是各地县志称呼这种脚洞相似的形容词。

桂林山水

但是脚洞洞顶也并不是平坦如板,而是有不少石锅、石钟地形分布着。这种地形是在其他洞穴中少见的。石锅大小在1米以内,凹入洞顶不到半米,半圆形态完整,互不干扰,说明石锅是溶蚀出来的,并且中心部分溶蚀、冲蚀较强。石锅一般大小相似,这是洞穴充水时水流呈紊流状态的结果。水流一般分层流和紊流。层流即水层中各点速度相同,在石灰岩裂隙中流水即是层流,它的速度较慢,每秒在1厘米以下。洞孔大了,水流较畅,流水中各点速度不同,即成紊流,流水按速度分成多股,彼升此降,彼急此慢。如在3厘米溶孔中,流速为0.1厘米时,即可由层流转为紊流。雨期溶洞充水,水股冲击处溶蚀力更大,因为冲击地点压力大,溶蚀量增加。如按实验资料,地下水在不承压状态下,岩隙每年扩大0.35毫米,而在充水承压后,每年岩隙扩大达5毫米,即承压后溶蚀力增加15倍。冲击洞顶的急流就可以在汛期冲蚀、溶蚀出石锅地形。

石钟成因全然不同。它是由于地下水沿节理下透并在洞顶滴下处,溶蚀成一个如钟形的深穴的结果。如果地下水丰富,沿节理流出时,则石钟形态可变成一条凹入的顶槽。石钟只是一孔滴水所成,所以钟顶即见一个溶孔存在,这在石锅中是没有的。整个石锅就是在一块岩面上形成的,而石钟分布是依据溶孔所在地而形成,多呈疏落分布,这也和石锅成片分布不同。

洞两侧还有边槽发育。这是地下水面季节性存在的表示,因为水面附近溶蚀力最大。凹入的边槽在古书中称为"石床",因为边槽底部是平坦如床的。如果边槽有几层就表示地下水面季节性有变动了,正像河流有枯水期水面、洪水期水面那样,洞中常有小河流贯(如在凌霄岩、燕岩等)。

钟乳石、石笋、石柱、石幕等石灰华沉积不多,也是脚洞沉积地形的特点。因为脚洞雨期充水,紊流冲蚀,石灰质很难沉积在岩面之上,形成灰华沉积。也有的是小型的,如形成了"团龙"、"飞凤"、"蛇"、"果子"、"花"等薄而小的形态。

脚洞是地面流水流入石山体内的通路。因此,洞口一般比洞内高,呈广阔低平状,常有较冷空气积聚洞内,属于"冷洞"型洞穴。因为冷空气比重较大,不易上升和排出洞外,难怪夏日人们会在此避暑了。广东云浮凌霄岩有地下河贯通。

脚洞沿地下水面向四周沿节理伸展,如果遇到石山外面的河流时,地表上的河流会立即把水量转向脚洞流下,使地面河流下游成为无水旱谷,这种现象叫做"地下掠水"。早在宋代中国已有脚洞进行地下掠水或劫夺的记载。当脚洞贯穿了整个石山山体时,就被称为"穿洞"了。桂林北面的灵川就是这样形成和得名的。

第七章　冰魂雪魄

米堆冰川

米堆冰川在米堆河的上游。米堆河是雅鲁藏布江下游的二级支流，它在川藏公路84千米道班处，从帕隆藏布河南岸汇入帕隆藏布河。米堆冰川靠近川藏公路，规模大，进入方便，是藏东南海洋性冰川的典型代表。这里的冰川特征典型，类型齐全，以发育美丽的拱弧构造闻名，是罕见的自然奇观。

米堆冰川位于西藏自治区波密县玉普乡米美、米堆两村，距县城所在地扎木镇90多千米。米堆冰川主峰海拔6800米，雪线海拔只有4600米，末端只有2400米。米堆冰川由世界级的冰瀑布汇流而成，每条瀑布

米堆冰川

高 800 多米, 宽 1000 多米, 两条瀑布之间还分布着一片原始森林。冰川周边山花烂漫, 林海葱茏。冰川下段已穿行于针阔叶混交林带, 是西藏自治区最主要的海洋型冰川, 中国三大海洋冰川之一, 也是世界上海拔最低的冰川。该冰川常年雪光闪耀, 景色神奇迷人。

米堆冰川所在的纬度为北纬 29°, 但冰川末端却比北纬近 44° 的天山博格达山的冰川还要低, 这是我国现代冰川中较为特殊的现象, 与喜玛拉雅山东南段的气候有着密切的关系。米堆冰川冰洁如玉、景色优美、形态各异、姿态迷人, 周围有成群的牛羊、古朴的藏式民居、雄伟壮观的雪山, 还有常年不离的猴子等野生动物。

冰瀑奇观

米堆冰川位于藏东南的念青唐古拉山与伯舒拉岭的接合部, 这里是我国最大的季风海洋性冰川的分布区。念青唐古拉山与伯舒拉岭是一系列东南走向的高山, 从印度洋吹来的西南季风, 能够沿雅鲁藏布江和察隅河谷北上, 深入到这一系列高山之中, 并带来了大量的降水, 于是在一个叫米堆的藏族村庄后的雪峰周围, 诞生了一个壮美的精灵——米堆冰川。

米堆冰川发育在雪山之上, 雪山上有两个巨大的冰盆。冰盆三面被冰雪覆盖, 积雪随时可以崩落, 直立的雪崩槽如刀砍斧劈般, 在几个小时内就能观察到三次雪崩。频繁的雪崩是冰川发育的主要补给方式。冰盆中冰雪积聚多了, 就会流出来, 并以巨大的冰瀑布形式跌落入米堆河源头冰盆地中。这些冰瀑布足有七八百米之高，景象奇特，气势宏伟，实属世间少见，让人不由得赞叹着大自然的造化！

如果把冰川看做是高山上遨游下来的"寒龙"的话，那弧拱构造恰似龙的根根肋骨，它们是由于冰瀑区的冰在冬天和夏天温度和湿度有所不同而造成的。米堆冰川上发育如此清晰、规模如此巨大的弧拱构造，在其他冰川上是没有见过的，不能不说是一大冰川奇观。

发生频繁的雪崩奇观，巨大的冰瀑布奇观，发育美丽的弧拱奇观，这一切成就了米堆川藏公路，如今这里已成为帕隆藏布"西藏江南"旅游路线中重要的旅游景点。

米堆冰川

离开川藏公路，过了新建的横跨额公藏布江公路桥后，只见一条两面均是悬崖绝壁的峡谷，沿着小河修建的村道仅能通过一辆车。再走几千米后，突然出现大片宽阔的谷地，远处两条壮观的冰瀑布挂在雪峰与森林之间，就如两道由天而下的巨大银幕……

要与米堆冰川作近距离接触的话，还要徒步走进层林尽染的森林，翻越三道冰川运动留下的终碛垅。当走上第三道终碛垅时，一个冰湖便出现在眼前。冰湖的另一端有一道宽近两米、高达十数米的断裂的冰舌，发出幽幽的蓝光。从天而下的冰瀑布在阳光下闪着银色的光芒，近800米的落差让人感到一阵晕眩。一阵阵从冰川上吹来的寒风迎面扑来,在强烈的阳光下,还是让人不寒而栗。

冰瀑奇观只有在补充丰富、消融得快的冰川上才会出现,如消融得快而补给不足,冰瀑就会中断,形成"悬冰川";如补充过快而消融不及,冰雪就会把悬崖埋没。米堆冰川是一条补充和消融都很"均衡",具有灵性的冰川。

解密匙

你知道冰川怎样分类吗?

按照不同的规模和形态,冰川分为大陆冰盖(简称冰盖)和山岳冰川(又称山地冰川或高山冰川)。山岳冰川类型多样,主要有悬冰川、冰斗冰川、山谷冰川、平顶冰川。

大陆冰盖主要分布在南极和格陵兰岛。山岳冰川则分布在中纬度、低纬度的一些高山上。全世界冰川面积共有 1500 多万平方千米,其中南极和格陵兰的大陆冰盖就占去 1465 万平方千米。面积超过 1400 万平方千米的南极洲,差不多全部都被一个平均接近 1980 米厚的冰川覆盖着,其东部冰层厚度可达 4267 米。格陵兰冰盖覆盖的面积超过 180 万平方千米,实测最大厚度约为 3350 米。较小的大陆冰盖常被称为冰帽或冰原。地球上有两大冰盖,即南极冰盖和格陵兰冰盖,它们占世界冰川总体积的 99%,其中南极冰盖占 90%。格陵兰岛约有

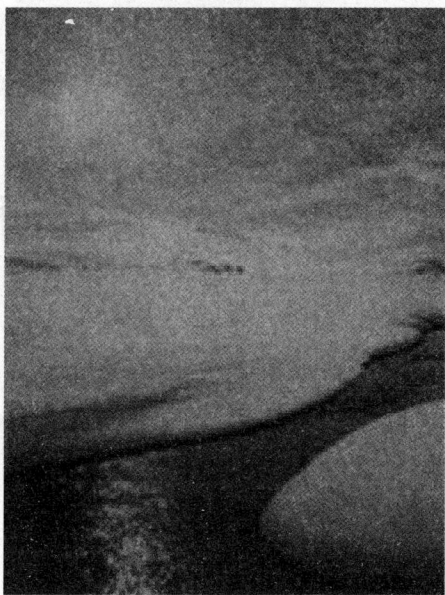

冰川景象

83% 的面积为冰川覆盖。因此,山岳冰川与大陆冰盖相比,规模相差极为悬殊。

巨大的大陆冰盖上,漫无边际的冰流把高山、深谷都掩盖起来,只有极少数高峰在冰面上冒了一个尖。辽阔的南极冰盖,过去一直是个谜,深厚的冰层掩盖了南极大陆的真面目。科学家们用地球物理勘探的方法发现,茫茫南极冰盖下面有许多小湖泊,而且这些湖泊里还有生命存在。

我国的冰川都属于山岳冰川。就是在第四纪冰川最盛的冰河时代,冰川规模扩大,也并没有发育为大陆冰盖。以前有很多专家认为,青藏高原在第四纪的时候曾经被一个大的冰盖所覆盖,即使现在国外有些专家仍持这种观点。但是经过考察和论证,我国的冰川学者基本上否定了这种观点。

按照不同的物理性质(如温度状况等)冰川可分为:极地冰川,即整个冰层全年温度均低于融点;亚极地冰川,即表面可以在夏季融化外,冰层大部分低于融点;温冰川,即除表层冬季冰结外,整个冰层处于压力融点。极地冰川和亚极地冰川又合称冷冰川,多分布在南极和格陵兰岛。温冰川主要发育在欧洲的阿尔卑斯山、斯堪的纳维亚半岛、冰岛、阿拉斯加和新西兰等降水丰富的海洋性气候地区。

阿扎冰川

小快递

阿扎冰川位于来果冰川东南侧,是目前西藏海拔最低的冰川,其南支为主冰舌,分布在察隅县境内,基本上穿行在森林之中,形成世界上极为罕见的森林、冰川景观。

全景照

阿扎冰川属海洋型冰川,位于察隅县上察隅镇境内,雪线海拔只有4600米,朝向西南,长27千米左右。其中,冰川的前沿部分深入到原始森林区长达数千米,犹如一条银色巨龙穿行于"绿色海洋"之中。所以,阿扎冰川又被人们亲切地称为"绿海冰川"。

海洋型冰川主要分布在西藏的东南部,雅鲁藏布江大拐弯附近的喜马拉雅山南麓、念青唐古拉山东段及横断山等降水充沛的地方。阿扎冰川位于波密东端,来果冰川东南侧,主峰高度为 6882 米,其冰舌分为南北二支,其北支为附冰舌,分布在然乌镇境内。其南支为主冰舌,一直延伸到山地常绿阔叶林带上部海拔 2500 米的察隅县境内。

阿扎冰川

阿扎冰川因地处迎风面,空气绝对湿度与相对湿度较高,冰面凝结现象显著。

夏季多雨,冰面有冰蚯蚓等动物。由于从沟末端到沟顶海拔高差 6000 米以上,所以同在一条沟,十里不同天,具有亚热带到寒带的所有气候特征。

冰川的地形地貌由高向低分为三个阶梯:第一阶梯是冰川的形成区。在这个区域里,由于海拔高,除可做专业登山队的训练基地外,一般旅游者无法涉足,只能从高处远眺其雄伟壮观的风姿。第二阶梯是冰川中间的大冰瀑布。第三阶梯是冰川下端的冰川舌。巨大的冰川好似巨大的银屏凌空飞挂,银光刺眼,晶莹璀璨,气势磅礴。这些状若玉龙、势如巨蟒的冰川,蜿蜒飞舞于寒山空谷之中,千姿百态,蔚为壮观。

在中国西藏东南部季风海洋性冰川上,有许多动物、植物和微生物。

其中的一种藻类植物群落,因形似冰岛冰川上的球状苔藓,被命名为"冰川老鼠"。

神奇的冰川世界美不胜收,你知道冰川的地貌有哪几种吗?

雪线

一个地方的雪线位置不是固定不变的。季节变化就能引起雪线的升降,这种临时现象叫做季节雪线。只有夏天雪线位置比较稳定,每年都回复到比较固定的高度,由于这个缘故,测定雪线高度都在夏天最热月进行。就世界范围来说,雪线是由赤道向两极降低的。珠穆朗玛峰北坡雪线高度在 6000 米左右,而在南北极,雪线就降低在海平面上。雪线是冰川学上一个重要的标志,它控制着冰川的发育和分布。只有山体高度超过该地的雪线,每年才会有多余的雪积累起来。年深日久,才能成为永久积雪和冰川发育的地区。

粒雪盆

粒雪盆

雪线以上的区域,从天空降落的雪和从山坡上滑下的雪,容易在地形低洼的地方聚集起来。由于低洼的地形一般都是状如盆地,所以在冰川学上称其为粒雪盆。粒雪盆是冰川的摇篮。聚积在粒雪盆里的雪,究竟是怎样变成冰川冰的呢?雪花经过一系列变质作用,逐渐变成颗粒状的粒雪。粒雪之间有很多气道,这些气道彼此相通,因此粒雪层仿佛海绵似的疏松。有些地方的冰川粒雪盆里的粒雪很厚,底部的粒雪在上层的重压下发生缓慢的沉降、压实和重结晶作用,粒雪相互联结合并,减少空隙。同时表面的融水下渗,部分冻结起来,使粒雪的气道逐渐封闭。被包围在冰中的空气就此成为气泡。这种冰由于含气泡较多,颜色发白,容重约为 0.82～0.84 克/立方厘米,也有人把它专门叫做粒雪冰。粒雪冰进一步受压,排出气泡,就变成浅蓝色的冰川冰。巨厚的冰川冰在本身压力和重力的联合作用下发生塑性流动,越过粒雪盆出口,蜿蜒而下,形成长短不一的冰舌。长大的冰舌可以延伸到山谷低处以至谷口外。发育成熟的冰川一般都有粒雪盆和冰舌,雪线以上的粒雪盆是冰川的积累区,雪线以下的冰舌是冰川的消融区。二者好像天平的两端,共同控制着冰川的物质平衡,决定着冰川的活动。雪线正好相当于天平的支点。

冰斗

冰斗

在河谷上源接近山顶和分水岭的地方,总是形成一个集水漏斗的地形。当气候变冷,开始发育冰川的时候,这种靠近山顶的集水漏斗首先为冰雪所占据。冰雪在集水漏斗中积累到一定程度,发生流动而成冰川。冰川对谷底及其边缘有巨大的刨蚀作用,它像木匠的刨子和锉刀那样不断地工作,原来的集水漏斗逐渐被刨蚀成三面环山、宛如一张藤椅似的盆地形状,这种地形叫做冰斗。冰斗大多发育在雪线附近。

一般山谷冰川,往往爬上冰坎,才能看到白雪茫茫的粒雪盆。当冰川消失之后,这样的盆底就是一个冰斗湖泊。高山上常常可以见到冰斗湖,它们有规则地分布在某个高度上,代表着古冰川时代的雪线高度。

冰碛

水冻结成冰,体积要增加 9% 左右。当融化的冰雪水在晚上重新在岩石裂缝里冻结时,对周围岩体施展着强大的侧压力,压力最大可达 2 吨/平方厘米。在这样强大的冻胀力面前不少岩石都破裂了。寒冻风化作用不仅在山坡裸露的地方进行,在冰川底床也能进行。这是因为冰川底床有暂时的压力融水,融水渗入谷底岩石裂缝里,冻结时也产生强大的冻胀力。寒冻风化作用不停地在山坡上和冰川底床制造松散的岩块碎屑,山坡上的碎屑在重力作用下滚落到冰川上,底床里的碎屑更容易被冰川挟带着一起流动。冰川挟带的碎石岩块通称为冰碛。冰川表面的岩石碎块称为表碛,冰川内部的叫内碛,冰川底部的叫底碛,冰川两侧的是侧碛。侧碛靠近山坡,碎石岩块的来源丰富,因而侧碛又高又大。到冰舌前端,两条侧碛大多交汇在一起,连成环形的终碛。终碛像高大的城堡,捍卫着冰川。攀登冰川的人,必须首先登临终碛,才能接近冰川。我国西部不少终碛高达 200 余米。并不是所有冰川都有终碛的,前进迅速和后退迅速的冰川都没有终碛,只有冰川在一个地方长期停顿时,才能造成高大的终碛。两条冰川汇合时,相邻的两条侧碛合为一条终碛。树枝状山谷冰川表面终碛很多,整个冰川呈现黑白相间的条带状。冰碛是冰川搬运和堆积的主要物质,也是冰川改变地球面貌的证据之一。

冰川年轮

粒雪盆中的粒雪和冰层大致保持平整,层层叠置。每一年积累下来的冰层,在冰川学上叫做年层。冬季积雪经夏季消融后,形成一个消融面。消融面上污化物较多,所以也叫做污化面。污化面是划分年层的天然标志。有了年层,冰层就能像树的年轮一样被测出年龄来。由于冰川在形成的时候封存了一些空气和尘埃,冰川学家能够从中提取气泡和尘埃分析当时的气候。

冰川年轮

冰面湖

冰面湖的形成主要有三种形式。一种是冰川上的冰下河道融蚀冰川，产生巨大的洞穴或隧道，洞穴顶部塌陷，便形成较深较大的长条形湖泊。一种是冰川低陷处积水，在夏季产生强烈的融蚀作用而形成的。另外，冰川周围嶙峋的角峰，经常不断地崩落下岩屑碎块。如果较大体积的岩块覆盖在冰川上，引起差别消融，就能生长成大小不等的冰蘑菇。如果崩落的岩块较小，在阳光下受热增温就会促进融化，结果岩块陷入冰中，形成圆筒状的冰杯。冰杯形成速度很快，在冰面上形成大大小小的积水潭，在夏天消融期间，冰面积水温度较高，有时竟达到5℃。因此积水的融蚀作用强烈，能把蜂窝状的冰杯逐渐融合一起，形成宽浅的冰面湖。冰面湖给冰川景色增添了更为绚丽多彩的风光。夏天，每当朝阳初升或夕阳西下的时候，湖面上霞光万道，灿烂夺目。

冰洞

夏季，冰川经常处于消融状态中。冰川的消融分为冰下消融、冰内消融和冰面消融三种。地壳经常不断向冰川底部输送热量，从而引起冰下消融。不过冰下消融对于巨大的冰川体来说，是微不足道的。当冰面融水沿着冰川裂缝流入冰川内部，就会产生冰内消融。冰内消融的结果，孕育出许多独特的冰川岩溶现象，如冰漏斗、冰井、冰隧道和冰洞等

（我们知道云南的石林是由喀斯特地貌形成的，由冰内消融引起的冰川地貌很像喀斯特地貌，冰川学家称这种冰川形态为喀斯特冰川）。

冰钟乳

冰川上的融水，在流动过程中，往往形成树枝状的小河网，时而曲折流动，时而潜入冰内。在一些融水多、面积大的冰川上，冰内河流特别发育。当冰内河流从冰舌末端流出时，往往冲蚀成幽深的冰洞，洞口好像一个或低或高的古城拱门。从冰洞里流出来的水，因为带有悬浮的泥沙，像乳汁一样白，冰川学上称其为冰川乳。当冰川断流的时候，走进冰洞，犹如进入一个水晶宫殿。有些冰川，通过冰洞里的隧道，一直可以走到冰川底部去。冰洞有单式的，有树枝状的，洞内有洞。洞中冰柱林立，冰钟乳很多，洞壁的花纹十分美丽。有的冰洞出口高悬在冰崖上，形成十分壮观的冰水瀑布。

冰塔

冰面消融差别产生许多壮丽的自然景象，如冰桥、冰芽、冰墙和冰塔等。尤其是冰塔林，吸引了不少人的注意。珠穆朗玛峰和希夏邦马峰地区的很多大冰川上，发育了世界上罕见的冰塔林。一座又一座数10米高的冰塔，仿佛用汉白玉雕塑出来似的，它们朝天耸立在冰川上，千姿万态。有的像西安的大雁塔、小雁塔的塔尖，有的像埃及尼罗河畔的金字塔，有的像卧着的骆驼，有的又像伸向苍穹的利剑。

冰塔

海螺沟冰川

海螺沟位于四川省甘孜藏族自治州东南部,贡嘎山东坡,是青藏高原东缘的极高山地。海螺沟国家森林公园位于四川省甘孜藏族自治区泸定县内,是世界上仅存的低海拔冰川之一。在这冰天雪地的冰川世界里,有温泉点数十处,游人可在冰川上洗温泉浴。水温介于 40℃～80℃之间,其中更有一股水温高达 90℃的沸泉。冷热集于一地,甚为神奇。

地球上的冰川,几乎全部存在于远离人类聚居的南极地区。其余极少部分,虽分布于各个纬度,但又大多处于高寒、高海拔地区,使一般人难以到达。而中国四川的海螺沟冰川,其最下端的海拔高度仅为 2850 米,低于贡嘎山雪线 1850 米,使具有一般体力的旅游者都可以亲身登上宽达 2000米、冰体厚度达 100～300 米的冰川。

海螺沟冰川的美景

海螺沟冰川生成于大约 1600 年前,地质学上称其为现代冰川。它是贡嘎山最大的一条冰川,长14.2千米,末端落入森林带内6千米,又形成冰川与原始森林共生的绝景。冰面河、冰面湖、冰下河、冰川城门洞、冰裂隙、冰阶梯、冰石蘑菇、巨大的冰川漂砾、冰川弧拱和极其宽阔的U形冰川峡谷,两侧高逾数百米的留有冰川擦痕的绝壁和黛绿色的原始森林等,形成唯冰川所有的独特景观。由于海螺沟冰川的特殊地理条件,除了冬季外,其他季节均可着单衣或夹衣浏览冰川。

海螺沟冰川最高点的海拔为6750米,而最下端的海拔高度仅为2850米,它不但是低纬度低海拔的冰川,而且是落差最大的冰川。虽然冰体的组成的冰瀑布不像水瀑布那样流动,但由于冰体的融冻作用,会不断产生冰崩。冰川活动剧烈的春夏季,一天可达上千次,最多时一次可使上百万立方米的冰体塌垮。冰崩时,冰体间剧烈的撞击与摩擦会产生放电现象,一时蓝光闪烁、大地震颤、山谷轰鸣,千千万万的冰块滑落、飞溅,扬起漫天雪雾。

大冰瀑布

海螺沟冰川的粒雪盆是整个冰川的源泉,盆内冰雪积累到一定程度,就会翻越盆沿形成巨大雪崩。故粒雪盆虽美丽、神秘,却只可远观不可靠近。粒雪盆的边缘是中国已知最大的冰瀑布,晶莹剔透、雄奇无比。在海拔 2850 米的地段上,长 5700 米的冰舌紧贴大地。冰面上分布着冰面湖、冰面河、冰裂缝、冰蘑菇、冰洞、冰桥……令人叫绝的冰川弧拱晶莹透明、蓝中透绿。

山岳冰川从粒雪盆溢出后,都流经盆口,然后进入谷底形成冰舌。冰舌尾端与粒雪盆口之间的陡坡从正面看上去如同瀑布,故而称为冰瀑布。

加拿大冰川国家公园以其落差 1100 米的冰瀑布而闻名于世。海螺沟内的大冰瀑布足以与其匹敌。海螺沟冰川众多,较大的冰川就有三条,最大的称为一号冰川,长约 14 千米,也就是平常所说的大冰瀑布。沿冰川上行 3 千米,绕过黑松林,即可望见这条大冰瀑布。冰瀑布由无数极其巨大的光芒四射的冰块组成,仿佛一道从蓝天直泻而下的银河。除非你亲眼见到,没有任何词汇能形容大冰瀑布的瑰丽和伟大。

解密匙

海螺沟的冰川胜景令人惊叹,那么,你知道"冰美人"——海螺沟冰川是怎样形成的吗?

大约 5.4 亿年以前,贡嘎山地区是康滇古陆的一部分,为久经侵蚀的陆地。在距今约 5 亿～2.5 亿年之间(即奥陶纪至三叠纪),本区大部分处在康滇古陆西侧的海域,在这一漫长时期中,形成了厚达 2 万余米的海相为主的海陆交互相地层;距今约 2.2 亿年前的印支运动中,整个川西大规模褶皱隆起,结束了海洋时期,形成古大雪山脉。其后受燕山运动和喜马拉雅运动的影响而进一步褶皱隆起,长期遭受剥蚀。直至距今约 180 万年的晚第三纪末期,古大雪山脉被夷平而成为中国准平原的一部分。

距今约 340 万年的造山运动使贡嘎山隆起千余米,并发生区内最早的一次冰帽冰川(富林冰期)。至中更新世(距今约 248 万年),冰川达到极盛时期,其下线可达海拔 1800～1900 米的古大渡河一带。距今约 130 万年前,元谋运动结束了区域性湖相沉积而转入以河流作用为主的时期,形成了现今之大渡河、雅砻江河谷。与此同时,高山地带发育了多期冰川。

海螺沟冰川

在距今约 24930～19700 年前的末次冰期,在海螺沟中上游形成长达 10 千米,厚约 200 米的侧碛堤。之后,冰川进一步萎缩,在海拔 2750 米现代冰川前端,形成切割末次冰川冰碛物的厚约 20～60 米的两道终碛堤。海螺沟除现代冰川,又有热矿泉群、完整的垂直自然带谱与多样性很强的高山生态系统的组合、众多形态各异的象形山石、类型众多的生物景观。冰川与热泉共存,寒冷与温暖相容这一罕见奇观,为世界瞩目。

西岭雪山

西岭雪山为四川省著名景区。区内有茫茫的原始林海,险峻的悬崖绝壁,数不尽的奇花异草,罕见的珍禽异兽,终年不断的激流飞瀑,云海、日出、森林佛光、阴阳界、日照金山等变化莫测的高山气象景观,是中国国家级风景名胜区。

西岭雪山位于四川省成都市大邑县西岭镇境内（距成都95千米），总面积483平方千米。

西岭雪山原始森林覆盖率达90%，植物种类多达3000余种，其中有珍稀树种银杏、香果树、珙桐等，原始桂花树达1000余亩，十分罕见。且常有大熊猫、牛羚、金丝猴、猕猴、云豹、山鸡等珍稀动物出没。

除了大型滑雪场等人文景点外，西岭雪山还有很多壮美景致。

阴阳界

西岭雪山的绝妙景点是白沙岗一带的"阴阳界"。阴阳界既是山峰，又是两种截然不同气候的分水岭。白沙岗逶迤千米，嶙嶙的白云岩，银光闪烁，脊顶仅2米宽，岩壁如刀削斧劈。白沙岗西部为青藏高原气候，寒冷干燥，东部为盆地气候，温暖湿润。这两种不同的气流在白沙岗上相遇，形成了奇特的气象：一边是晴空万里，湛湛蓝天；一

阴阳界

边是云蒸雾涌，朦胧世界。"阴阳"两界分明，且变化无常，世所罕见。正所谓："放眼白沙天不平，阴阳两界自分明。岗南万里晴空色，岗北浓云欲压城。"

熊猫林

大熊猫是我国一级保护动物，乃中国西南地区高山中之特产，有"国宝"之誉，主食箭竹。西岭雪山箭竹成林，植被丰美，森林茂密，气候宜人，是大熊猫的天然庇护所和繁衍栖息地。"熊猫林"乃大熊猫多次出没

之地,面积达数百亩,以林景为主,水景丰富,其中尤以杜鹃林、箭竹林、铁杉林为珍。穿过珍稀植物林,经鸳鸯池,达"杜甫亭"。其间,曲径通幽,引人入胜。春夏之际,杜鹃花开,姹紫嫣红,箭竹繁茂,与人肩齐;夏秋之际,绿树成荫,鸟鸣蛙鼓,小桥流水;入冬以后,千树凋零,白雪覆盖,各种树木,千姿百态。

日月坪

"万丈高坪接汉霄,群峰起伏似江涛。望中西蜀园林好,出海金阳分外娇。"日月坪是一个原始的世界,常见云海浩瀚,波澜壮阔,更有神奇的佛光、霞光万道的日出、彩虹圈日的华光。游人至此,可领略云天壮景,感受虚无缥缈的蓬莱仙境,晴晚朗夜,皓月当空,明星可摘,周围树木"灵光"闪烁,眺望万家灯火,天地相接,恰似天上人间。据传,日月坪的"佛光"非常人所能见,凡见者必将有鸿运降临,富贵一生。

日月坪

云蒸霞蔚

春夏之际,西岭雪山高山草甸和树木,绿得让人陶醉,加上山间白茫茫的云雾,使人仿佛置身世外桃源般的仙境,心灵得到了安静,来到这般阴凉绿色的意境之中,心情顿时变得平静而充实。

雪山植物

这里的雪山美丽植物众多,且非常茂密,呈现出原始气息。那醉人心脾的花香,那些翠绿与繁花,让人陶醉!

五彩瀑

五彩瀑位于离獐子崖不远的翠林中,从高高的花岗岩上飞泻而下,顺着鱼鳞般的红色岩石横溢,层层水花呈羽状洒开,映衬着红色山岩,就像一幅流动的白色镂花软缎衬在红色呢料上一般,雍容华贵,五彩缤纷。如遇日光斜照,可见彩虹显现于烟云水雾之中,令人流连忘返。

玉龙雪山

小快递

玉龙雪山是北半球最靠近南端的大雪山。山势由北向南走向,南北长35千米,东西宽25千米,雪山面积960平方千米,高山雪域风景位于海拔4千米以上,是云南亚热带的极高山地,从山脚河谷到峰顶具备了亚热带、温带到寒带的完整的垂直带自然景观。雪山自然旅游资源丰富,景观大致可分为雪域、冰川景观、高山草甸景观、原始森林景观、雪山水景等。

全景照

玉龙雪山位于云南省丽江市玉龙纳西族自治县,是横断山脉的沙鲁里山南段的名山。雪山山腰云腾雾绕,远望像一条银白色的巨龙,因此得名。雪山共有13座峰,主峰扇子陡海拔5596米。

玉龙雪山以险、奇、美、秀著称于世,气势磅礴,玲珑秀丽,随着时令和阴晴的变化,有时云蒸霞蔚,玉龙时隐时现;有时碧空如洗,群峰晶莹耀眼;有时云带束腰,云中雪峰皎洁,云下岗峦碧翠;有时霞光辉映,雪峰如披红纱,娇艳无比。山上山下温差明显,植被情况是其最直接证明。

玉龙雪山内主要有云杉坪、白水河、甘海子、冰塔林等景点,它是一个集观光、登山、探险、科考、度假、郊游于一体的具有多功能的旅游胜地,栈道最高点为 4680 米。

玉龙雪山

甘海子

甘海子是玉龙雪山东面的一个开阔草甸,全长 4 千米左右,宽 1.5 千米,海拔约 2900 米。来到甘海子给人一种开阔空旷的感觉,在高耸入云的玉龙雪山东坡面前,有这样一个大草甸,为游人提供了一个观赏玉龙雪山的好场地,在这里,玉龙雪山、扇子陡等山峰历历在目。从甘海子草甸到 4500 米的雪线,可以看到各种各样的花草树木,兰花、野生牡丹、雪莲,品种繁多;高大乔木有云南松、雪松、冷杉、刺栗、麻栗等等。甘海子大草甸是一个天然大牧场,每年春暖花开、百草萌发时,住在甘海子附近山涧的藏族、彝族、纳西族牧民们都要骑着高头大马,驱赶着牦牛、羊群、黄牛,到草甸放牧。

白水河

从甘海子到云杉坪之间,有一条幽深的山谷,谷内林木森森,清溪长流。谷底有一条清泉长流的河,因河床、台地都由白色大理石、石灰石碎块组成,呈一片灰白色;清泉从石上流过,亦呈白色,故得名"白水河"。白水河之水来源于四五千米高处的冰川雪原融水,清冽冰凉,从无污染,是天然的"冰镇饮料"。

云杉坪

云杉坪是玉龙雪山东面的一块林间草地,约0.5平方千米,海拔3240米,又名"殉情第三国",是纳西族人心中的圣洁之地。传说,从这里可通往"玉龙第三国"。据东巴经书记载,"玉龙第三国"里"有穿不完的绫罗绸缎,吃不完的鲜果珍品,喝不完的美酒甜奶,用不完的金沙银团,火红斑虎当乘骑,银角花鹿来耕耘,宽耳狐狸做猎犬,花尾锦鸡来报晓"。

云杉坪

乘上建在白水河山庄的登山缆车,然后再沿着林间铺设的木板栈道,或骑上当地彝家姑娘出租的丽江小马,就可以到达玉龙雪山的又一佳境——云杉坪。在云杉坪周围的密林中,树木参天,枯枝倒挂,枝上的树胡子,林间随处横放的腐木,枯枝败叶,长满青苔,好像千百年都没人来打扰过,就像一个天然的乐园。传说年轻的男女在玉龙雪山脚下的云杉坪殉情的话,他们的灵魂就会进入"玉龙第三国",得到永生的幸福。

冰塔林

玉龙雪山分布着欧亚大陆离赤道最近的现代海洋性温冰川和雪海,冰川类型齐全,发育有19条现代冰川,总面积达11.61平方千米,其中"白水一号"现代冰川是目前最具游览条件的冰川。

"白水一号"现代冰川长达 2.7 千米,位于玉龙雪山主峰扇子陡的正下方。从山脚望去,如同一条瀑布悬挂天际,令人震撼不已。冰舌部分的冰塔林,像一把把刀戟直刺苍穹,在阳光的照射下,仿佛一块块巨大的翡翠碧玉镶嵌在怪石嶙峋之间,被称为"绿雪奇峰"。靠近冰川,只听见有"哗啦啦"的流水声,那是冰川融化后形成的冰河。前方的扇子陡发出阵阵巨响,那是雪崩时发出的响声,就像在"滚雪牛"。千万年来,扇子陡始终如一、源源不断地为冰川补给着新雪。变幻莫测的雪山,不时漫天雪花,令人举步维艰;不时风起云涌,令人略感寒意;不时光芒万丈,恍若隔世,令人不禁感慨万千。

冰塔林

　　玉龙雪山是动植物的宝库,主要经济动物有 60 多种,属国家重点保护的珍贵动物有滇金丝猴、云豹、金猫、雪豹、藏马鸡、绿尾梢虹雉、穿山甲、小熊猫、大小灵猫、白腹锦鸡等。有藻类植物 31 科 196 种,地衣植物 17 科 20 多种,苔藓植物有苔类 45 种、藓类 130 种,蕨类植物 220 种,种子植物 145 科 3200 余种,是云南省著名的园艺类观赏植物的主要产地。有报春花 60 多种、杜鹃花 50 多种、兰花 70 多种,是中国植物标本的集中产地。这里还有"天然高山动植物园"和"现代冰川博物馆"之称。

第八章　千姿百态

塔克拉玛干沙漠

小快递

塔克拉玛干沙漠位于新疆维吾尔自治区的塔里木盆地中央,是中国最大的沙漠,也是世界第六大沙漠,同时还是世界第二大的流动性沙漠。整个沙漠东西长约 1000 千米,南北宽约 400 千米,面积达 33 万平方千米。平均年降水量不超过 100 毫米,最低只有 4～5 毫米;而平均蒸发量高达 2500～3400 毫米。这里,金字塔形的沙丘屹立于平原以上 300 米。狂风能将沙墙吹起,高度可达其 3 倍。沙漠里沙丘绵延,受风的影响,沙丘时常移动。沙漠里亦有少量的植物,其根系异常发达,超过地上部分的几十倍乃至上百倍,以便汲取地下的水分。这里的动物有夏眠的现象。

全景照

塔克拉玛干沙漠的侧翼为雄伟的山脉:天山在北面,昆仑山南面,帕米尔高原在西面。东面逐渐过渡,直到罗布泊沼盆。南面和西面,在沙漠和山脉之间,则是由卵石碎屑沉积物构成的一片坡形沙漠低地。

在世界各大沙漠中,塔克拉玛干沙漠是最神秘、最具有诱惑力的一个。沙漠中心是典

塔克拉玛干沙漠

型大陆性气候,风沙强烈,温度变化大,全年降水少。塔克拉玛干沙漠流动沙丘的面积很大,沙丘高度一般在 100～200 米,最高达 300 米左右。沙丘类型复杂多样,复合型沙山和沙垄,宛若憩息在大地上的条条巨龙,塔型沙丘群,呈各种蜂窝状、羽毛状、鱼鳞状,变幻莫测。

沙漠有红白分明的高大沙丘,名为"圣墓山"。"圣墓山"上的"风蚀蘑菇",奇特壮观,高约 5 米,巨大的盖下可容纳 10 余人。白天,塔克拉玛干赤日炎炎,黄沙刺眼,沙面温度有时高达 70℃～80℃,旺盛的蒸发,使地表景物飘忽不定,沙漠旅人常常会看到远方出现朦朦胧胧的"海市蜃楼"。

沙漠四周,沿叶尔羌河、塔里木河、和田河和车尔臣河两岸,生长发育着密集的胡杨林和柽柳灌木,形成"沙海绿岛"。特别是纵贯沙漠的和田河两岸,芦苇、胡杨等多种沙生植物,构成沙漠中的"绿色走廊"。这条"走廊"内流水潺潺,绿洲相连。林带中住着野兔、小鸟等动物,亦为"死亡之海"增添了一点生机。经考察还发现沙层下有丰富的地下水资源和石油等矿藏资源,且利于开发。有水就有生命,科学考察推翻了这里的"生命禁区论"。

无边无际的沙漠

该沙漠中的动物极端稀少。只是在沙漠边缘地区,在有水草的古代和现代河谷及三角洲,动物才较为多样。在开阔地带可见成群的羚羊,在河谷灌木丛中有野猪、猞猁、塔里木兔、野马、天鹅、啄木鸟。在食肉动物中有狼、狐狸,还有沙蟒。稀有动物包括栖息在塔里木河谷的西伯利亚鹿与野骆驼。

　　如果将全国各地的胡杨作比较,无论胡杨之美还是胡杨之刚毅都由新疆维吾尔自治区获冠。这里的胡杨号称"生而一千年不死,死而一千年不倒,倒而一千年不腐"。在轮台的塔里木河附近沙漠地区,胡杨林的气势、规模均居全国之首,轮台的胡杨林公园也是国内独一无二的沙生植物胡杨树林的观赏公园。当秋色降临,步入胡杨林,四周为灿烂金黄所包围。洼地水塘中,蓝天白云下,胡杨的倒影如梦如幻。由轮台往南100千米的沙漠腹地,为大面积原始胡杨林,不少古老的胡杨树直径达1米以上。

塔克拉玛干沙漠中的胡杨

　　和田河的胡杨树皆为次生林,大部分树型呈塔状,枝叶茂盛,秋天时通体金黄,此处的胡杨以成片的优美林为显著特点,加上起伏的沙丘线条,随时映入眼帘的都是一幅美丽的风景画。在塔克拉玛干南部的沙漠中,经常可看到盆景般的胡杨景色,那里的胡杨静静地伫立于沙丘,千姿百态。

　　胡杨的美离不开其自身的沧桑,树干干枯龟裂和扭曲,貌似枯树的树身上,常常不规则地顽强伸展出璀璨金黄的生命,让大漠恶劣环境中的死亡与求生协调地表现出来。

由于地处欧亚大陆的中心,四面为高山环绕,塔克拉玛干沙漠充满了奇幻和神秘的色彩。变幻多样的沙漠形态,丰富而抗盐碱风沙的沙生植物植被,蒸发量高于降水量的干旱气候,以及尚存于沙漠中的湖泊,穿越沙海的绿洲,潜入沙漠的河流,生存于沙漠中的野生动物和飞禽昆虫等,特别是被深埋于沙海中的丝路遗址、远古村落、地下石油及多种金属矿藏都被笼罩在神奇的迷雾之中,有待于人们去探寻。

浩瀚沙海

解密匙

浩瀚的沙漠使人心驰神往,更让人心生敬畏,那么你知道塔克拉玛干沙漠形成于什么时候吗?

科学家最新一项研究成果表明,我国面积最大的沙漠——新疆维吾尔自治区的塔克拉玛干沙漠,可能早在大约 450 万年前就已经是一片浩瀚无边的“死亡之海”。科学家对塔里木盆地南部边缘的沉积地层进行了深入分析,发现其中夹有大量风力作用形成的“风成黄土”,年龄至少有 450 万年,而这些“风成黄土”的物源区(即来源地),就是现在的塔克拉玛干大沙漠。

怪石沟

怪石沟是我国西部巨大怪石群库之一。怪石沟东西长 20 千米,南北宽 7 千米,总面积 230 平方千米,海拔 1200 米。怪石沟素以怪石林立、奇石象形而闻名。

怪石沟风景区位于新疆维吾尔自治区博乐市东北 38 千米处,东北距阿拉山口 26 千米,东南距艾比湖 30 千米。怪石沟是亚洲最大的怪石群之一,也是我国规模最大、类型最全的花岗岩造型博物馆。

怪石沟

怪石沟风景区是在特定的地质、地理条件下形成的一种岩浆岩孔穴造景地貌。景区的岩石为花岗斑岩,经过数千万年的风吹、日晒、雨淋等,形成了今天的这种地貌。有价值的天然景点不下百余处,现初步确定命名的有三四十个。拟人的景点有:天上来客、将军石、石人像。拟物的景点有：苍鹰俯猎、神龟寻佛、大象戏水、石猴护子、卧驼回首、虎啸石、鹦鹉石。还有的如古堡、似长亭。怪石沟沟底，灌林丛生，溪水潺潺，潭泽连珠，还有大小瀑布数处，古岩画数幅，以独特的魅力，吸引着中外游人。

怪石

怪石沟山脚下还有一条绿荫掩映的山泉小溪，溪水清澈甘甜，是天然矿泉水。溪边丛丛绿荫，似一层绿色的绒毯。春夏季节，这里红、黄、紫、白各色野花枝叶茂盛，竞相开放，野石榴、野葡萄、野草莓倒挂枝头，使景区平添了许多景致。游人在攀登游览后，掬几捧溪水，在溪边丛林中小憩，备感心旷神怡。距核心景区 3 千米处，有一条瀑布自山腰飞流直下，宛如一条银链镶嵌在群山之中。

怪石山下，一条由山泉汇聚而成的小溪蜿蜒而下。这里原本是一片海床，千百年沧桑巨变，造就了这方神奇的世界，充分展示了大自然的独特的魅力，吸引了大批的游客慕名而至，饱览奇景。

解密匙

怪石沟里怪石多，你知道怪石群是怎样形成的吗？

怪石群的形成，不同于世界闻名的喀斯特昆明石林。据专家考证，大约 1.9 亿年前，由于地壳运动，炙热的岩浆侵出地表形成花岗斑岩。花岗斑岩在冷却的过程中形成了许多原生立方体节理（裂缝），这些节理就成为日后风化侵蚀的突破口。整块岩石在这种侵蚀作用下慢慢分割成相对独立的块石，球状风化继续深入进行，便形成了石蛋地形，如我们现在所看到的"飞来石"就是这样形成的。

由于怪石沟地区昼夜、冬夏温差大，岩石会产生强烈的物理胀缩作用。由于岩石中不同矿物胀缩率不同,粗粒斑晶在强烈的差异胀缩反复作用下而崩解,再加上长石和云母的水解和腐蚀,花岗斑岩表面逐渐疏松,经过暴雨的洗刷,岩面形成凹处,强风又将松散的岩屑吹走,如此反复,岩面上的凹穴不断增大,逐渐形成了孔穴地貌。

长江三峡

小快递

三峡是万里长江一段山水壮丽的大峡谷,为中国十大风景名胜区之一。它西起重庆市奉节县的白帝城,东至湖北省宜昌市的南津关,全长191千米。长江三段峡谷中的大宁河、香溪、神农溪的神奇与古朴,使三峡景色更加迷人。三峡的山水也伴随着许多美丽动人的传说。

全景照

长江三峡自西向东主要有三个大的峡谷地段:瞿塘峡、巫峡和西陵峡。三峡因而得名。三峡两岸高山对峙,崖壁陡峭,山峰一般高出江面1000～1500米。三峡中最窄处不足百米。三峡是由于这一地区地壳不断上升,长江水强烈下切而形成的,因此水力资源极为丰富。

长江三峡,人杰地灵,它是中国古文化的发源地之一。大峡深谷,曾是三国古战场,是无数英雄豪杰用武之地,这儿有许多名胜古迹:白帝城、黄帝陵、南津关等。它们同旖旎的山水风光交相辉映,名扬四海。长江三峡是世界大峡谷之一,以壮丽河山的天然胜景闻名中外。

三大峡谷

瞿塘峡

瞿塘峡长约8千米,是三峡中最短的一个峡,也是最雄伟险峻的一个峡。瞿塘峡入口处,两岸断崖壁立,形如门户,名夔门,也称瞿塘峡关,山岩上有"夔门天下雄"五个大字。左边的赤甲山,相传古代巴国的赤甲将军曾在此屯营,尖尖的山嘴活像一个大蟠桃;在右边的名曰白盐山,不论

瞿塘峡

天气如何,总是有一层层或明或暗的银辉。瞿塘峡虽短,却能"镇全川之水,扼巴鄂咽喉",有"西控巴渝收万壑,东连荆楚压群山"的雄伟气势。

巫峡

巫峡在重庆市巫山县和湖北省巴东县两县境内,西起巫山县城东面的大宁河口,东至巴东县官渡口,绵延45千米,包括金盔银甲峡和铁棺峡,峡谷特别幽深曲折,是长江横切巫山主脉背斜而形成的。

巫峡又名大峡,以幽深秀丽著称。整个峡区奇峰突兀,怪石嶙峋,峭壁众多,绵延不断,是三峡中最可观赏的一段,宛如一条迂回曲折的画廊,充满诗情画意,可以说处处有景,景景相连。

清人许汝龙《巫峡》诗中说:"放舟下巫峡,心在十二峰。"这里群峰竞秀,气势峥嵘,云雾缭绕,姿态万千。

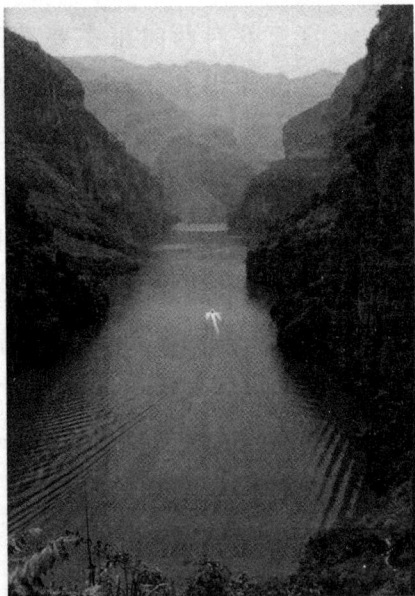

巫峡

西陵峡

西陵峡在湖北省宜昌市秭归县境内,西起香溪口,东至南津关,长约66千米,是长江三峡中最长、以滩多水急闻名的山峡。

整个峡区由高山峡谷和险滩礁石组成,峡中有峡,大峡套小峡;滩中有滩,大滩含小滩。

解密匙

你知道长江三峡真正的成因吗?

根据地质学家的研究发现,长江三峡的形成是在数亿年的岁月中,经过了多次强烈的造山运动所引起的海陆变迁和江河发育的共同作用下而产生的结果。

在威力无比的造山运动中,川东鄂西一带原来沉积在海洋底部厚层的岩石被挤压得弯弯曲曲,在地质学上称这为"褶皱"。其中向上凸起的部分叫"背斜",而向下凹陷的部分叫"向斜"。三峡地区的七曜、巫山和黄陵三段山地背斜,就是在距今约7千万年前的燕山运动中形成的。

三峡美景

这一时期,四川省和湖南省的古金沙江、古雅砻江、古嘉陵江等水进入四川湖盆,使其水位抬高溢出,沿巫山背斜的部分,经秭归盆地,切穿黄陵背斜轴部东流。由于河水长年累月的流淌冲刷和侵蚀,河床不断下切。随着地壳运动的发展,山脉也在抬升,当江水下切的速度超过了地壳上升的速度,在流水和构造的双重作用下,坚硬的岩层地区形成了峡谷,而在比较疏松的岩层地区则形成了宽谷。

三峡一经形成,那滚滚而来的江水,便日夜冲刷着河床和河谷的两岸,切割地表,使河床不断加深,河谷逐渐扩大,塑造出千姿百态的地貌,造就出三峡沿岸一些造型奇特的礁石。

乌尔禾风城

小快递

乌尔禾风城,又被称为魔鬼城,位于新疆维吾尔自治区克拉玛依市乌尔禾区境内,距克拉玛依市东北 90 千米,乌尔禾乡东约 5 千米,地面海拔 300～500 米,平均海拔 380 米。乌尔禾呈北西—南东走向,长约 5 千米,宽约 3 千米,面积约 15 平方千米,由一系列近北西—南东走向的孤立台地组成。

全景熙

亿万年以前,由于风雨剥蚀,地面形成深浅不一的沟谷、高低错落的山丘,裸露的石层被狂风雕琢得奇形怪状,千姿百态,有的龇牙咧嘴,状如怪兽;有的危台高耸,形似古堡,或似亭台楼阁;有的像宏伟的宫殿,傲然挺立;有的像耸入云霄的摩天大楼或像平地突起的牌坊;有的好似尖顶教堂或圆顶庙寺;有的像一峰昂首跋涉的骆驼;有的峰顶巨石像猴儿戴帽。经过亿万年岁月,大自然的"手"雕刻出各种千奇百怪、栩栩如生的形态,实乃千古杰作,神秘壮观,令人浮想联翩。在起伏的山坡上,布满着血红、湛蓝、洁白、橙黄等各色石子,更增添风城神秘色彩。从 217 国道 310 千米处左右,拐向以东一条油路(风夏公路),不远处可看到突兀于大漠之上的一圈色彩灰暗、低矮而峥嵘的外围山丘,冲积沙土层层次分明,似神秘莫测的城堡的外围墙。

乌尔禾风城

城堡内各种各样奇特山丘,形状十分古怪,颇有些张牙舞爪的狰狞状态,营造出一种不可言状的怪异氛围,是一种陌生、新鲜的景象。"城"右侧的一座形状古怪的"峰"似未完成的雕塑,它的梯形底座上,孤零零地立着一根土沉积块,像一条挺起半个身子的蝮蛇,又像是一棵笔挺的青蘑菇,还有点儿像背手仰面挺立,正对着苍天沉思的人形。此旁的一座,峰坡平缓,齐腰被疾风削去一圈,既像一尊卧佛,又像一条大鲨鱼。其他峰谷,均是奇形怪状,都是大自然的雕塑所造就的形象。

"城"内奇峰如簇,中央和底部更是惊奇,似山丘,又似一组组栩栩如生的雕塑群像。似翘首昂腰的一队跋涉行进的骆驼群队;似卧伏、咆哮着的一群非洲雕狮;危峰上好似一只铜铸般凝立的兀鹫,又似一群正在追逐嬉戏的麋鹿。"城区"亭台楼阁分立,形似古堡。使人惊叹不已的是"城"东北面群峰之间,有一座竟然似一只方口、细颈、大肚的宝瓶,高高地直立在那里。其塑造之匀称,造型之美,堪称绝伦,是难以想象的神奇美妙的奇迹。近看"宝瓶",不见顶,满"身"风袭刻痕,剥蚀斑斑。一侧不出 50 米,有几道灰黑的鱼脊似的石梁,石梁上有几处突出的岩层,呈刀割般整齐的层次,像是鱼脊的鳍。"城堡"西南侧有一座"神水峰",峰头亭亭玉立,婀娜秀丽。南沿散布着高低、大小不等的 27 个山丘,有 7 条黑色的沥青脉,即一三七团沥青矿所在地。天然沥青晶莹发亮,是世界稀有矿藏,这里也是我国独一无二的天然沥青矿藏。

神秘的乌尔禾

风城好似现实雕塑艺术之宫,是一座不折不扣的雕塑艺术之城。在这里创造奇迹的艺术大师是风,这些都是大漠风经千百年的不懈努力所创造出的杰作,这就是"魔鬼城"独特的美。

解密匙

乌尔禾被称为中国最美的雅丹地貌之一。你了解雅丹地貌吗?你知道雅丹地貌可以分为几种类型吗?

形成雅丹地貌的外营力不仅仅是风,还有水。雅丹地貌的形成存在三种类型:一类是以风力侵蚀为主形成的雅丹,一类是以水流侵蚀为主形成的雅丹,还有一类则是风和水共同作用形成的雅丹。这样,就基本否定了原来的"雅丹是一种风蚀地貌"的结论。

风力侵蚀形成

以风蚀作用为主形成的雅丹地貌,分布在距山区较远的平原,山区降水形成的洪水一般无法到达,只有风力在这里施威。这一类雅丹地貌集中分布在孔雀河以南至楼兰遗址一带。雅丹一般高 4～7 米,雅丹间的洼地走向为东北—西南,与当地盛行风向一致,表明了雅丹地貌的形成与风的关系。据调查,这里每年平均风蚀深度在 2.4～4.7 毫米间,按这一风蚀速度,这一片雅丹地貌形成时间不过千年,是在楼兰废弃以后,当年这里应是一片平坦沃野。

流水侵蚀形成

以流水侵蚀作用为主的雅丹地貌,主要分布在邻近山地的地区,阿奇克谷地东段的三陇沙雅丹是这一类型雅丹的典型代表。罗布泊地区虽然极端干燥,年降雨量不过 10 毫米上下,但附近山地降水却相对较多,有时

雅丹地貌

一次降水可达50毫米。而且在干旱地区,常降对流型阵雨,阵发性强、时间短,一旦降水,雨如瓢泼,地表又无植被拦截,极易形成洪水流,对疏松的地表会产生强大的冲刷作用。在罗布泊北面的兴地沟,昔日洪水痕迹深达 1.5 米,可见洪水之大和冲刷力量之强。三陇沙雅丹走向是南偏东 40°,与当地盛行风向恰好垂直,而与山地洪水流向一致,说明这里的雅丹傲对大风,却向水流俯首,表明了洪水在这一片雅丹地貌形成中的主导作用。在突起的土丘陡崖表面,还清晰地留下了洪水冲刷的痕迹,与风力侵蚀形成的明显层次有根本区别。特别有趣的是,这里的雅丹都整齐

地排列成行,既展示了当年洪水滔滔的威势,又如一支停泊在大海中举火待发的巨大舰队,威武雄壮。有的雅丹,外形呈馒头状,可以想象是水流的长期荡涤,才塑造出如今的外貌。

风水共同作用

由风、水共同作用的雅丹地貌,则处于上述两类雅丹地貌之间,以著名的白龙堆雅丹、龙城雅丹为典型代表。尽管这些雅丹如今从外形看,已与水蚀作用脱离了关系,但在它们的最初阶段却留下了明显的流水作用的痕迹。流水的作用,首先将平坦的地表冲刷成无数的沟谷,将疏松沙层暴露于地表,再经风的侵蚀,形成如今的外貌。风、水作用,实际上是先水后风。这一片雅丹的走向,既与洪水沟走向一致,又与当地盛行风向一致,表明了二者对它的共同影响。这一类雅丹地貌的形成原因,早被我国北魏学者郦道元所注意,并在他所著的《水经注》中作出了科学的解释,他认为,"龙城"的形成,先是有水拍其岸,然后又经受风的吹蚀,形成如龙的形状,所以称之为"龙城"。

第九章　风情万种

蜀南竹海

翠甲天下的蜀南竹海,位于四川省南部的宜宾市境内,面积120平方千米,核心景区44平方千米。蜀南竹海景区内共有竹子58种,7万余亩,是我国的集山水、溶洞、湖泊、瀑布于一体、兼有历史悠久的人文景观的原始"绿竹公园",植被覆盖率达87%,为我国空气负离子含量极高的天然氧吧。

蜀南竹海位于宜宾市境内长宁、江安两县交界之处,北距成都400多千米,以万顷竹海著称。蜀南竹海素以雄、险、幽、峻、秀著名,有天皇寺、天宝寨、仙寓洞、青龙湖、七彩飞瀑、古战场、观云亭、翡翠长廊、花溪十三桥等著名景观。蜀南竹海空气清新、纯净,是我国一级环保旅游区。

蜀南竹海

奇篁异筱的竹景与配套的山水、湖泊、瀑布、岩洞、寺庙、气象、地质、民居交融,自然生态与历史人文并重,清风摇曳,竹影婆娑,四季宜游,蜀南竹海是人们回归大自然的游览胜地。

竹海

从宜宾乘车向东南行68千米,就到了蜀南竹海的西大门长宁县,从这里开始进入景区。一望无际的竹子,整整覆盖了500多座山丘。这里的海拔高度为600米~1000米,全年气温介于0℃~30℃之间,冬暖夏凉,一年四季都适于旅游。忘忧谷是一条窄长山谷,这里楠竹长得既密集又粗壮,遮天蔽日,使整个山谷显得更深幽。游人走在盘旋弯曲的竹径上,听水鸣鸟啾,观绿竹野花,顿生超凡脱俗、飘飘欲仙之感。

翡翠长廊

过忘忧谷,在幽篁间有几十里游览小径,被称为"翡翠长廊"。在这条长廊中漫步,清新的空气中饱含竹叶的清香,如置身世外。

仙寓洞

由"翡翠长廊"前行,前面就是著名景点仙寓洞。仙寓洞位于长宁、江安两县交界处的擦耳岩上,为蜀南佛山胜地,以奇险幽静著称,传为营造竹林的瑶箐仙姑居所。入夜,可欣赏到弹琴蛙声,此起彼伏,声如古琴,余韵悠长,举世罕闻。这一带山势回环,山崖如削。去仙寓洞要从构筑在悬崖边的小径上行百余米,甚为惊险。仙寓洞洞长约200米,深10米,高约15米。这里是观赏竹海的好地方,站在洞口眺望,只见万竹掀涛,竹海的奇特风光尽收眼底。

七彩飞瀑

七彩飞瀑又名落魂台。山间数十条姿态各异的瀑布中,最为壮观的,当数七彩飞瀑。

七彩飞瀑处在石鼓山和石锣山之间的葫芦谷中,从深林里流出的水潦河,在回龙桥下分为

七彩飞瀑

四级泻下悬崖,落差近 200 米,蔚为壮观。第一级,从回龙桥下飞泻而来,宽 5 米,落差 30 米;第二级,宽 3 米,落差 15 米,气势磅礴,瀑头冲击出的浪花,与第三级瀑布连成一线;第三级,宽 4 米,高 50 米,飞流直下,先声夺人,晴天正午,日光下彻,可见彩虹生于潭底;第四级,宽 5 米,高 74 米,外于谷口末端,下为悬崖峭壁,站于其头上,只能闻其声而不能睹其貌,故名"飞声瀑"。

瀑布两侧,一为钟山,一为鼓山。据说夜深人静时,雄浑的水声会夹杂钟鼓之声。一旁的落魂台、巨石"岌岌可危",使人有惊心动魄之感。

解密匙

蜀南拥有连绵的竹海,竹海中有不计其数的竹叶。那么,你知道竹叶是什么样子的,它又有什么功效吗?

竹叶呈披针形,长 7.5～16 厘米,宽 1～2 厘米,前端渐尖,基部钝形,叶柄长约 5 毫米,边缘之一侧较平滑,另一侧有小锯齿而粗糙;平行脉、次脉 6～8 对,小横脉比较显著;叶面深绿色,无毛,背面色较淡,基部长有微毛;质薄而较脆。气弱,味淡。以色绿、完整、无枝梗者为佳。

竹叶的功效:清热除烦,生津利尿。

竹叶

额济纳胡杨林

额济纳旗地处祖国北疆,位于内蒙古自治区西端。东与阿拉善右旗毗邻,西南与甘肃省酒泉市交界。一种古老而生命力极强的树种——胡杨,即生长在这片土地上。额济纳胡杨林的独特风景,和敦煌的雅丹地貌、九寨沟的箭竹海一起,成为旅行者和摄影人的天堂。

胡杨,又称胡桐、英雄树、异叶胡杨、异叶杨、水桐、三叶树,是杨柳科的一种植物,常生长在沙漠中,它耐寒、耐旱、耐盐碱、抗风沙,有很强的生命力。胡杨是生长在沙漠的唯一乔木树种,且十分珍贵,可以和有"植物活化石"之称的银杏树相媲美。

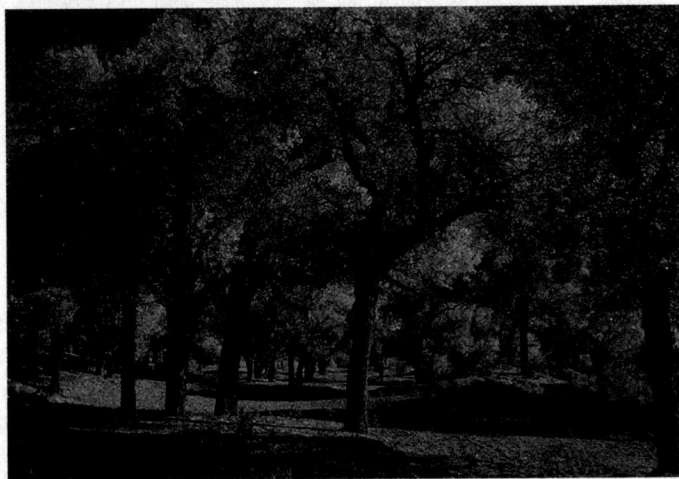

不朽的胡杨

额济纳河岸是胡杨的王国,这里绿树浓荫,掩映牧舍羊群,曲折绵延数十万亩,生机勃发,成为大漠里的桃源盛境。没有胡杨林,就没有绿洲；没有绿洲，这片地热、多沙、冬寒的漠土就不会有人类的生存和发展。胡杨林同这里的生命息息相关，备受人们的珍爱。

胡杨树一般 10 余米高，最高可达 20 米以上，被视为植物活化石，也是国家二级保护植物。夏季，这些树龄有二三百年的胡杨树树冠铺展，绿云翻滚；而秋天，胡杨林一片金黄，绚烂耀眼。每年 9 月底到 10 月中旬的金色秋天，是胡杨树魅力尽展的最美季节，一夜寒露会骤然把整片的胡杨树全部染黄。在短短的几天之内，绿色的胡杨叶全部变成纯粹的金黄色，在湛蓝的天空下和苍茫的沙漠中，宛如阳光一般明媚灿烂。而当寒风乍起，一树的绚烂又落成满地金黄。这时也是旅行、摄影的黄金季节。

在由黑水、白水汇聚的额济纳河流域，密集林区主要在额济纳河分岔的河洲地区，最吸引人的去处在二道桥、四道桥、八道桥，这是以额济纳河

挺立的胡杨

上的八道桥为名划分的，每道桥都有胡杨环抱着。

胡杨是中亚地区唯一适合生长的乔木，它是大自然漫长进化过程中幸存下来的宝贵物种。它妩媚的风姿、倔犟的性格、多舛的命运激发人类太多的诗情与哲思。古往今来，胡杨已成为一种精神而被人们所膜拜。

解密匙

高大的胡杨令人敬畏，它的作用非常多，你知道都有什么吗？

胡杨是落叶中型天然乔木，高 10～20 米，树龄可达 200 年，树干通直，树叶奇特，生长在幼树嫩枝上的叶片狭长如柳，大树老枝条上的叶却圆润如杨，叶子边缘还有很多缺口，又有点像枫叶，故它又有"变叶杨"、"异叶杨"之称。胡杨能生长在高度盐渍化的土壤上，原因是胡杨的细胞

透水性较一般植物强,它从主根、侧根、躯干、树皮到叶片都能吸收很多的盐分。并能通过茎叶的泌腺排泄盐分。当体内盐分积累过多时,它便能从树干的节疤和裂口处将多余的盐分自动排泄出去,形成白色或淡黄色的块状结晶,称"胡杨泪",俗称"胡杨碱"。当地居民用它来发面蒸馒头,因为它的主要成分是小苏打,其碱的纯度高达 $57\% \sim 71\%$。

美丽的胡杨

　　除供食用外,胡杨碱还可制肥皂,也可用作罗布麻脱胶、制革脱脂的原料。一棵成年胡杨树每年能排出数十千克的盐碱,所以胡杨堪称"拔盐改土"的"土壤改良功臣"。胡杨林是荒漠地区特有的珍贵森林资源,它的首要作用在于防风固沙,创造适宜的绿洲气候和形成肥沃的土壤。另外,胡杨全身是宝:它的木质坚硬,耐水抗腐,历千年而不朽,是上等建筑和家具用材,楼兰、尼雅等沙漠古城的胡杨建材至今保存完好;胡杨的嫩枝和树叶富含蛋白质和盐类,乃是牲畜越冬的上好饲料;胡杨木的纤维长,又是造纸的好原料,枯枝则是上等的好燃料;胡杨的叶和花又可入药。因此,胡杨可以说是沙漠中的宝树。胡杨对温度大幅度变化的适应能力很强。它生长的水分主要靠潜水或河流泛滥水,所以具有能够伸展到浅水层附近的根系。它又具有强大的根压和含碳酸氢钠的树叶,因而能抗旱耐盐。由于不适当的采伐和毁林垦荒或放牧,已造成胡杨林资源的破坏,从而引起荒漠化加剧的恶果。现在新疆维吾尔自治区尉犁县等地已建立了沙漠干旱地区胡杨林自然保护区。

鸣沙山月牙泉

小快递

　　月牙泉位于甘肃省河西走廊西端的敦煌市。月牙泉,古称沙井,俗名药泉,自汉朝起即为"敦煌八景"之一,得名"月泉晓澈"。月牙泉南北长近 100 米,东西宽约 25 米,泉水东深西浅,最深处约 5 米,弯曲如新月,因而得名,有"沙漠第一泉"之称。一弯清泉,涟漪萦回,碧如翡翠。泉在流沙中,干旱不枯竭,风吹沙不落,蔚为奇观。

全景照

　　月牙泉是敦煌市一处神奇的浩瀚沙漠中的湖水奇观。鸣沙山下,泉水形成一湖,在沙丘环抱之中,酷似一弯新月。

　　鸣沙山和月牙泉是大漠戈壁中的一对孪生姐妹,"山以灵而故鸣,水以神而益秀"。游人无论从山顶鸟瞰,还是在泉边畅游,都会骋怀神往。确有"鸣沙山怡性,月牙泉洗心"之感。

　　月牙形的清泉,泉水碧绿,如翡翠般镶嵌在金子似的沙丘上。泉边芦苇茂密,微风起伏,碧波荡漾,水映沙山,蔚为奇观。对于月牙泉百年遇烈风而不为沙掩盖的不解之谜,有许多说法。有人认为,这一带可能是原党河河湾,是敦煌绿洲的一部分,由于沙丘移动,水道变化,遂成为单独的水体。因为地势低,渗流在地下的水不断向泉中补充,使之涓流不息,天旱不涸。这种解释似可看做是月牙泉没有消失的一个原因,但

鸣沙山月牙泉

却无法说明因何飞沙不落月牙泉。

　　沙漠与泉水历来如水火不能相容,难以共存。但是月牙泉就像一弯新月落在黄沙之中。泉水清凉澄明,味美甘甜,在沙山的怀抱中娴静地躺了几千年,虽常常受到狂风凶沙的袭击,却依然碧波荡漾,水声潺潺!

梦幻般的月牙泉

月牙泉的周围是高高的沙山——鸣沙山。鸣沙山在晴天或有人从山上滑下时会发出声响,所以叫鸣沙山。这里还有一个奇特的现象,因为地势的关系,刮风时沙子不往山下走,而是从山下往山上流动,所以月牙泉永远不会被沙子埋没,当之无愧是沙漠奇观。

月牙泉,梦一般的谜,千百年来不为流沙而掩埋,不因干旱而枯竭。在茫茫大漠中有此一泉,在黑风黄沙中有此一水,在满目荒凉中有此一景,深得天地之韵律、造化之神奇,令人神醉情驰。"晴空万里蔚蓝天,美绝人寰月牙泉。银山四面沙环抱,一池清水绿漪涟。""月牙晓澈"为敦煌八景之一。月牙泉是国家级重点风景名胜区,中国旅游胜地四十佳之一,被称为"天下沙漠第一泉"。

月牙泉四奇

月牙之形千古如旧,

恶境之地清流成泉,

沙山之中不掩于沙,

古潭老鱼食之不老。

月牙泉三宝

月牙泉有三宝:铁背鱼、五色沙、七星草。鸣沙山的沙子有红、黄、绿、白、黑五种颜色。传说铁背鱼和七星草一起吃可以长生不老!月牙泉南岸的小花罗布麻是泉边独特而唯一的保健中草药,加工成茶叶后pH 值呈弱碱性,能够降血压,降血脂,增加冠状动脉流量,对高血压、高血脂有较好的疗效,尤其对头晕症状、改善睡眠质量有明显效果,同时具有增强免疫力、预防感冒、平喘止咳、消除抑郁、活血养颜、解酒护肝、软化血管、通便利尿等功效,对以上症状有 80% 的疗效,也有延年益寿的功效。每年 6~8 月小花盛开,犹如夜幕中的点点繁星。敦煌老辈人都说:敦煌特有的狗鱼也许就是铁背鱼,月牙泉南岸大片的罗布麻就是传说的七星草。

解密匙

楚楚动人的鸣沙山月牙泉,是无数游人心中的圣地,你知道它是怎样形成的吗?

今人对月牙泉起源的解释有四种:

1.古河道残留湖。持这种观点的人认为月牙泉是附近党河的一段古河道,很久以前,党河改道,大部分古河道被流沙掩埋,仅月牙泉一段地势较低,由于地下潜流出露,汇集成湖。湖水不断得到地下潜流的补给,因而不会枯竭。20世纪50年代,月牙泉水面东西长218米,南北最宽处54米,平均水深5米,最深处7米有余。

2.断层渗泉。持这种观点的人认为月牙泉南侧有一东西向的断层,断层上盘抬高了地下含水层,下盘降到附近潜水面时,潜流涌出成泉。

3.风蚀湖。持这种观点的人认为原始风蚀洼地随风蚀作用的加剧,当达到潜水面深度时,在新月形沙丘内湾形成泉湖。由于环绕月牙泉的沙山南北高,中间低,自东吹进环山洼地的风会向上方走,风力作用下的沙子总是沿山梁和沙面向上卷,因而沙子不会刮到泉里,沙山也总保持似脊似刃的形状,这才形成沙泉共存的奇景。

4.人工挖掘。持这种观点的人认为月牙泉形状如半轮新月,惟妙惟肖,好似人工刻意修饰的结果,加之古籍中有"沙井"的记载,既然称井,则必须是人力劳作的结果。

第十章　旷世奇观

吉林雾凇

小快递

吉林雾凇以其"冬天里的春天"般诗情画意的美,同桂林山水、云南石林、长江三峡一起被誉为"中国四大自然奇观"。吉林雾凇仪态万方、独具风韵的奇观,让络绎不绝的游客连连称奇。

全景熙

隆冬时节,当北国大地万物萧条的时候,走进地处东北的吉林省吉林市,你却会看到一道神奇而美丽的风景。沿着松花江的堤岸望去,松柳凝霜挂雪,戴玉披银,如朵朵银花,排排雪浪,十分壮观。这就是被人们称为"雾凇"的奇观。

吉林雾凇

"一江寒水清,两岸琼花凝"是吉林雾凇奇观那仪态妖娆、独具风韵的典型概括。当雾凇出现的时候,漫漫江堤,仿若柳树结银花,松柏绽银菊一般。一时间,雾凇奇景便把人们带进如诗如画的仙境之中,这让许多有幸身临其境的游客连连称奇。

"忽如一夜春风来,千树万树梨花开","无可奈何花落去,似曾相识燕归来",就可以形容雾凇出现和退去时的突然性特征。吉林雾凇说来就来,说走就走的"性情",难免让人偶遇之下陶醉其中,更有人苦盼数日却难觅芳踪。其实,只要稍加了解雾凇的脾气,我们便可轻松与之相逢。

除了美丽,吉林雾凇也有很多实际的用处。北方也有一些地方偶尔有雾凇出现,但其结构紧密,密度大,对树木、电线及某些附着物有一定的破坏力。而吉林雾凇因为结构很疏松,密度很小,不但没有危害,还对人类有很多益处。

吉林雾凇可是空气的天然清洁工。人们在观赏玉树琼花般的吉林雾凇时,都会感到空气格外清新舒爽、滋润肺腑,这是因为雾凇有净化空气的内在功能。空气中存在着肉眼看不见的大量微粒,其直径大部分在2.5微米以下,约相当于人类头发丝直径的四十分之一,体积很小,质量极轻,悬浮在空气中,危害人的健康。雾凇形成初始阶段的凇附,能够吸附微粒沉降到大地,从而净化空气。因此,吉林雾凇不仅在外观上洁白无瑕,给人以纯洁高雅的风貌,而且还是天然大面积的空气"清洁器"。

冰清玉洁的吉林雾凇

吉林雾凇还是环境的天然"消音器"。噪音使人烦躁、疲惫、精力分散甚至导致工作和学习效率降低，并能直接影响人们的健康以至于生命。人为控制和减少噪音危害，需要一定条件，并且有一定的局限性。吉林雾凇具有浓厚、结构疏松、密度小、空隙度高的特点，因此对音波反射率很低，能吸收和容纳大量音波，在形成雾凇的成排密集的树林里感到幽静，就是这个道理。

吉林雾凇多在每年12月下旬到翌年2月时集中出现，这段时间也是全年当中观赏吉林雾凇的最佳时节。

人们把吉林雾凇的观赏过程大致分为三个阶段，即"夜看雾，晨看挂，待到近午赏落花"，在每一个时段内都能让人感受到不同的惊奇。

夜看雾

夜看雾是指在雾凇形成的前夜，观看松花江上出现的江雾景观。该景一般会在夜里10时左右出现，松花江上开始有缕缕雾气出现，继而越来越大、越来越浓，大团大团的雾气升腾着、翻滚着涌向松花江两岸。霎时间，江边的街路、建筑都被大雾所笼罩，游人将置身于浓重的云雾之中，江边的建筑物、树木也在雾中若隐若现，灯光也变得扑朔迷离，整个街路仿佛成为云海仙境一般。一般来说，当夜的江雾越是浓重，次日的雾凇景观越是壮观，这也成了吉林雾凇预报的重要征兆。

晨看挂

晨看挂是说清晨起来看"树挂"（雾凇）。经过一夜的浓雾，清晨，当人们再次来到雾凇观赏区时，前夜那十里江堤上黑森森的柳树、松柏和千年榆树，居然在一夜之间被江雾染得一片银白，在眼前豁然呈现出一个银色梦幻般的奇妙世界。江边的树木凝结了厚厚的雾凇，太阳被晨雾遮住。每一棵垂柳的枝条都晶莹闪烁，宛若玉枝垂挂，在微风中轻轻摇动；株株被雾凇所装扮的松柏都似银菊牡丹盛开、寒冬腊梅怒放，就连路边的枯草，也被雾凇包裹得毛茸茸的。

待到近午赏落花

"待到近午赏落花"是描述观赏雾凇脱落时的情景。一般在上午9点以后,阳光、微风怀着对雾凇的妒忌,促使凝结在树枝上的雾凇开始脱落。最初只是一点一片地脱落,接着是成串成串地滑落。微风吹起脱落的银片在空中飞舞,明丽的阳光映到上面,在空中形成五颜六色的雪帘。纷飞的雾凇会似雪花一样落到人们的头上、肩上,使人感到格外凉爽、清新。

吉林雾凇的美景

解密匙

美到惊人的吉林雾凇,让无数寄情于自然的人感慨万千,那么,你知道吉林雾凇是怎样形成的吗?

自然条件

在吉林市,每到冬季,尽管松花湖上一抹如镜、冰冻如铁,但冰层下面几十米深的水里仍能保持4℃的水温,水温和地面温差常在30℃左右,于是就形成了市区以下几十里不封冻的江面。温差使江水产生雾气,江面上白雾袅袅,久不消散。

沿江那十里长堤,苍松林立,杨柳抚江,就在一定的气压、风向、温度等条件的作用下,江面的大量雾气遇冷后便以霜的形式凝结在周围粗细不同的树枝上,形成大面积的雾凇奇观。由于拥有得天独厚的自然条件,所以吉林雾凇又具有持续时间长、厚度大、出现频率高的特点。每年从12月下旬到翌年2月底,雾凇都会频频出现,最多时一年可出现60余次。在冰封时节的吉林,草木都已凋零,万物也失去了生机,然而雾凇奇观却总能降临北国江城。那琼枝玉叶的婀娜杨柳、银菊怒放的青松翠柏,千姿百态,让人目不暇接。

　　人为条件

美丽的吉林雾凇

　　冬季的吉林市气温在－20℃以下的天数长达六七十天,奇妙的是穿城而过的松花江水,居然可在冬日严寒时同样奔流不息。原来,从吉林市溯流而上15千米就是著名的丰满水电站。

　　水电站大坝将江水拦腰截断,形成了巨大的人工湖泊——松花湖,近百亿立方米的水容量使得冬季的松花湖表面结冰,但水下的温度却仍然保持在0℃以上。特别是湖水通过水电站发电机组后温度有所升高,江水载着巨大的热能顺流而下,于是就形成了几十千米江面严寒不冻的奇特景观,同时也具备了形成雾凇的两个必要而又相互矛盾的自然条件:足够的低温和充分的水汽。

三江并流

三江并流指发源于青藏高原的怒江、金沙江（长江上游）和澜沧江（湄公河上游）这三条大江在云南省西北部迪庆藏族自治州及怒江傈僳族自治州境内穿过横断山脉高大的云岭、怒山、高黎贡山中幽深的峡谷，并行奔流数百千米而不交汇的自然奇观。它是中国境内面积最大的世界遗产地。

三江并流位于滇西北青藏高原南延的横断山脉纵谷地区，包括怒江州、迪庆州以及丽江地区、大理州的部分地区，西与缅甸接壤，北与四川省、西藏自治区毗邻。

景区内有怒江、澜沧江、金沙江 3 个风景区，8 个中心景区，60 多个风景点，总面积 3500 多平方千米。三条大江在滇西北横断山脉纵谷地区并流数百千米，三江间距最近处直线距离 66.3 千米，其中怒江、澜沧江最近处只有 18.6 千米的怒山相隔。

景区内景观主要有：三江并流、高山雪峰、峡谷险滩、林海雪原、冰蚀湖泊；少见的板块碰撞、广阔美丽的雪山花甸、丰富的珍稀动植物、壮丽的白水台、独特的民族风情等，构成了雄、险、秀、奇、幽等特色。它是云南省面积最大、景观最丰富壮观、民族风情最多彩，极令人神往，但基本上尚未被开发的处女景区。

三江并流地区是世界上蕴藏最丰富的地质地貌博物馆。大约 4000 万年前，印度次大陆板块与欧亚大陆板块大碰撞，引发了横断山脉的急剧挤压、隆升、切割，高山与大江交替展布，形成世界上独有的三江并行奔流 170 千米的自然奇观。

三江并流景区内高山雪峰横亘，海拔变化呈垂直分布，从 760 米的怒

三江并流特有景色

江干热河谷到 6740 米的卡瓦格博峰,汇集了高山峡谷、雪峰冰川、高原湿
地、森林草甸、淡水湖泊、稀有动物、珍贵植物等奇观异景。景区内有 118
座海拔 5000 米以上、造型迥异的雪山。与雪山相伴的是静立的原始森林
和星罗棋布的数百个冰蚀湖泊。海拔达 6740 米的梅里雪山主峰卡瓦格
博峰上覆盖着万年冰川,晶莹剔透的冰川从峰顶一直延伸至海拔 2700 米
的明永村森林地带,这是目前世界上最为壮观且稀有的低纬度低海拔季
风海洋性现代冰川。千百年来,藏族人民把梅里雪山视为神山,恪守着
登山者不得擅入的禁忌。

丽江老君山分布着中国面积最大、发育最完整的丹霞地貌奇观,它
镶嵌在莽莽原始森林的万绿丛中,璀璨夺目。有不少红色岩石表面风化
形成龟裂状构造,其中一座山坡形如千万只小龟,又组成一只大龟,排列
自然而有序,仿佛向着太阳升起的东方行进。

三江并流地区被誉为"世界生物基因库"。由于三江并流地区未受
第四纪冰期大陆冰川的覆盖,加之区域内山脉为南北走向,所以这里成
为欧亚大陆生物物种南来北往的主要通道和避难所,是欧亚大陆生物群
落最富集的地区。

三江并流的奇异景观

每年春暖花开时,这里绿毯般的草甸上、幽静的林中、湛蓝的湖边,到处是花的海洋。因此,植物学界将三江并流地区称为"天然高山花园"。

长期以来,三江并流区域一直是科学家、探险家和旅游者的向往之地,他们对此区域显著的科学价值、美学意义和少数民族独特的文化给予了高度的评价。

解密匙

三江并流可算作旷世奇观,那么它经历了怎样的历史积淀,其地貌又有什么特质呢?

"三江并流"区域是反映地球演化主要阶段的杰出代表,丰富多样的地质遗迹、地貌景观和地质现象,向世人展示着这里所经历的极其复杂的地壳演变历史及正在进行着的地质作用。

"三江并流"地区内露出的晚古生代(距今约 4 亿年前)比较完整的古生物地层记录,反映了这里曾经是广阔的特提斯古海洋的组成部分;由超基性岩(如蛇绿岩、橄榄岩)、基性岩(如辉长岩、辉绿岩、枕状玄武岩、细碧岩等)与深海相沉积岩(如放射性硅质岩)组成的岩石层,反映出这里曾经是类似于现今大洋中脊附近洋壳的环境;类型多样、成分复杂的岩浆类岩石(包括火山岩类、浅成岩类、深成岩类)记录了这里各时期岩浆活动的规模和特点,反映了不同阶段的演化模式;区内的变质岩、混杂岩、构造岩与地层、岩石中的褶皱、断裂、节理、劈理等构造变形及不同地块间的深大断裂系统,反映出这里曾遭受的强烈挤压活动。洋壳的消亡、地层的压缩、地块的拼合、地壳的降升等地质历史过程,在地质学家对众多信息的解释中变得清晰起来:"三江并流"区域是特提斯大洋演化和消亡、印度板块与欧亚板块碰撞,两个大陆发生陆陆碰撞,造山运动致使喜马拉雅山脉隆升、横断山脉形成的地质演化历史的典型代表区域和关键地段。

三江并流的美景

在地球演化历史中,海洋总是在地壳运动中开开闭闭,海洋的打开会促成洋壳两侧的陆地分离,海洋的闭合则驱动着两侧陆地的聚合。特提斯海洋就曾经历过不同的打开与闭合过程,留下了许多证明该过程的地层、岩石、化石和地壳形变的地质遗迹。特提斯海洋的闭合,最终驱动着印度板块冲向欧亚板块,使"三江并流"区域从大洋深海环境演变成大洋岛弧、多岛洋盆环境,再演变成大陆环境、高原环境。两个大陆的强烈挤压,将这里的岩石挤碎、揉皱、变质,并引发大规模的岩浆活动。持续的碰撞活动,使这一地区大规模地抬升并产生强烈的构造变形,形成世界上压缩最紧、挤压最窄的巨型横断山复合造山带,即世界上独有的"三江并流"奇观。

多样的、复杂的地质构造背景,为形成"三江并流"区内多种多样的地貌类型奠定了基础。高大的褶皱山系和断块活动,控制了地表动力的地质作用、河流的侵蚀塑造、山岳冰川的刨蚀作用,刻凿出深邃的大峡谷、冰川谷地、冰蚀湖群、瀑布、角峰、峰丛、绝壁,创造出具有世界第一流美感的地质地貌景观区。"三江并流"典型的地貌景观有高山峡谷组成的"三江并流"奇观、冰川遗迹及现代冰川地貌、高山丹霞地貌、花岗岩峰丛地貌、高山喀斯特地貌及高原、雪山、草甸、高山冰蚀湖泊群等等。

　　复杂多样的、特殊的地质演化历史、地质地貌和地理环境特征,控制了"三江并流"区的原始生物种群来源和水热条件分布特征,进而控制了这里的生物演化过程、特征及演化模式,形成多样性的生物、生态景观。

钱塘江大潮

小快递

　　钱塘潮指发生在浙江省钱塘江流域,由于月球和太阳的引潮力作用,使海洋水面发生的周期性涨落的潮汐现象。

全景照

回头潮

　　钱塘江南岸萧山南阳的赭山湾美女坝和海宁市的盐官镇为观看钱塘江大潮的最佳景区。在美女坝观赏的主要是"回头潮"。回头潮是指急速前进的潮水,遇到丁字坝等人工阻碍物后形成的潮水。

　　位于钱塘江南岸萧山南阳的赭山湾是钱塘江口一个向南凹进的大河湾。这里,有一道长约500米的"丁字坝"直插江心,宛如一只力挽狂澜的巨臂。当涌潮西行至此,全线与围堤成一锐角扑来,坝头以内的潮头同坝身、围堤构成直角三角形,潮头线两端受阻,分别沿坝身和围堤向直角顶点逼进,最终在坝根"嘣"一声怒吼,涌浪如突兀而起的醒狮,化成一股水柱,直冲云霄,高达十余米。由于大坝的横江阻拦,直立的潮水又折身返回,形成一个"卷起沙堆似雪堆"的奇特回头潮。而此时江水前来后涌,上下翻卷,奔腾不息。

回头潮

冲天潮

在南阳的赭山湾美女坝不仅会产生回头潮,还会产生"冲天潮"现象。冲天潮是发生于堤、坝相交处的特种潮,是近景潮中最具欣赏魅力的潮。潮水如同被网兜兜住一样,在堤坝相交转角处,潮水"哗"一声碰撞出巨响,潮头直冲云天。形成一股水柱,低者二三米,高者可达十多米。

交叉潮

距杭州湾55千米有一个叫大缺口的地方,这里是观看十字交叉潮的绝佳地点。由于长期的泥沙淤积,在江中形成一个沙洲,将从杭州湾传来的潮波分成两股,即东潮和南潮,两股潮头在绕过沙洲后,就像两兄弟一样交叉相抱,形成变化多端、异常壮观的交叉潮,呈现出"海面雷霆聚,江心瀑布横"的壮观景象。两股潮在相碰的瞬间,激起一股水柱,高达数丈,浪花飞溅,惊心动魄。待到水柱落回江面,两股潮头已经呈十字形展现在江面上,并迅速向西奔驰。同时交叉点像雪崩似的迅速朝北转移,撞在顺直的海塘上,激起一团巨大的水花,跌落在塘顶上,吓得观潮人纷纷尖叫着避开。

交叉潮

一线潮

　　看过大缺口的交叉潮之后,建议您赶快驱车到海宁县盐官镇,等待观看一线潮。未见潮影,先闻潮声。耳边传来轰隆隆的巨响,江面仍是风平浪静。

一线潮

响声越来越大,犹如擂起万面战鼓,震耳欲聋。远处,雾蒙蒙的江面出现一条白线,迅速西移,犹如"素练横江,漫漫平沙起白虹"。再近,白线变成了一堵水墙,逐渐升高,"欲识潮头高几许,越山横在浪花中"。随着这堵白墙的迅速向前推移,涌潮来到眼前,有万马奔腾、雷霆万钧之力,势不可当。

一线潮并非只有盐官镇才有,凡是江道顺直,没有沙洲的地方,潮头均呈一线,但都不如盐官的一字潮好看。原因是盐官镇位于河槽宽度向上游急剧收缩之后的不远处,东、南两股潮交汇后刚好成一直线,潮能集中,潮头特别高,通常为1~2米,有时可达3米以上,气势磅礴,潮景壮观。

半夜潮

午夜,江面上隐隐传来"沙沙"响声,涨潮了,在蒙蒙的水面上一条黑色长练在浮动,时断时续,时隐时现。少顷,声音越来越大,潮水夹着雷鸣般的轰响飞驰而来,把满江的月色打成碎银,潮头如千万匹灰鬃骏马在挤撞、在厮打,喷珠吐沫,直扑塘下,犹如十万大军兵临城下。涌潮前浪引后浪,后浪推前浪,在江面形成一垛高耸潮峰,波涛连天,好似冲向九天皓月。

观"十万军声"——半夜潮的最佳之处是在天风海涛亭一带,为"天风赏月"之景。这里以浪漫、别具一格的情调吸引了大量的观汐游客。北宋诗人苏东坡还为此写下了这样一首诗:"定知玉兔十分圆,已作霜风九月寒。寄语重门休上钥,夜潮流向月中看。"

解密匙

世界上有涌潮的河流很多,如南美洲的亚马孙河、北美洲的科罗拉多河、法国的塞纳河、英国的塞汶河等,但钱塘江涌潮的强度和壮观现象,除亚马孙河外,其他河流均无法与之媲美。亚马孙河的涌潮强度与钱塘江虽可一比,但钱塘江河口江道摆动频繁,涌潮潮景变化万千。因此钱江潮可说是独占鳌头,无与伦比。

为什么钱塘江大潮特别汹涌和巨大呢?

喇叭形的河口是原因之一。杭州湾外的江面宽度约100千米,往里则急剧收缩,到距湾口90千米的钱塘江口的海盐镇澉浦时,宽度只有20千米,而杭州市区的河宽仅1000米左右。当大量潮水涌进狭窄的河道时,水面就会迅速地升高。又由于这里的河底有大量的泥沙淤积形成沙坎,进入湾口的潮波遇到沙坎,水深减小,阻力增大,前坡变陡,后坡相应变缓。当前坡陡到一定程度后,前锋水面明显涌起,从而形成涌潮,甚至翻出浪花。

不过世界上有好些江河的河口,也是外大内窄、外深内浅,为什么没有像钱塘江大潮那样汹涌澎湃?原来高潮的出现与河水流动的速度也有关系,当潮水涌来时,它的前进方向是和河水流动的方向相反的。中秋前后,钱塘江河口的河水流速与潮水流速几乎相等,力量相等的河水与潮水一碰撞,就激起了巨大的潮头。另外,浙北沿海一带,夏秋之交常吹东南风或东风,风向与潮水方向大体一致,也助长了它的声势。总之,钱塘江大潮的形成是受天文和地理(包括河口形状、河床地貌、水文、气候等)因素综合的影响。

(说明:本书使用的个别图片无法与原作者取得联系,在此表示歉意,敬请原作者及时与我社联系,我社将按照有关标准支付报酬。)